1781

LOKI SCHMIDT

Die Blumen des Jahres

Hoffmann und Campe

Mit Zeichnungen der Autorin

Fotonachweis: Stiftung Naturschutz Hamburg und
Stiftung zum Schutze gefährdeter Pflanzen:
W. Barthlott, H. Baum, H. Filitz, G. Helm, J. Holzhausen,
A. Jahn, A. Kickbusch, M. Lenz, D. Letter, J. M. Martens,
H.-H. Poppendieck, V. Zänker
Seite 43 und 44: Harms, Wildlife Bildagentur, Hamburg

1. Auflage 2003

www.hoffmann-und-campe.de
Schutzumschlaggestaltung: Büro Hamburg/Stefanie Licenci
Foto: Arco Digital Images/Wegner
Layout: Prill Partners | producing, Berlin
Repro: LVD GmbH, Berlin
Druck und Bindung: Clausen & Bosse, Leck
Printed in Germany
ISBN 3-455-09395-7

HOFFMANN
UND CAMPE

Ein Unternehmen der
GANSKE VERLAGSGRUPPE

Inhalt

Siegfried Lenz: Mit Lokis Augen 7
Vorwort 13

1980 Lungen-Enzian *(Gentiana pneumonanthe)* 16
1981 Gelbe Narzisse *(Narcissus pseudonarcissus)* 22
1982 Rotes Waldvögelein *(Cephalanthera rubra)* 26
1983 Wildtulpe *(Tulipa sylvestris)* 29
1984 Sommer-Adonisröschen *(Adonis aestivalis)* 32
1985 Wald-Akelei *(Aquilegia vulgaris)* 35
1986 Arnika *(Arnica montana)* 38
1987 Stranddistel *(Eryngium maritimum)* 42
1988 Sumpf-Calla, Drachenwurz *(Calla palustris)* 46
1989 Karthäuser-Nelke *(Dianthus carthusianorum)* 50
1990 Sandköpfchen *(Jasione montana)* 53
1991 Rosmarinheide *(Andromeda polifolia)* 56
1992 Rundblättriger Sonnentau *(Drosera rotundifolia)* 62
1993 Schachblume *(Fritillaria meleagris)* 68

1994	Breitblättriges Knabenkraut *(Dactylorhiza majalis)*	74
1995	Trollblume *(Trollius europaeus)*	80
1996	Echte Kuhschelle, Küchenschelle *(Pulsatilla vulgaris)*	86
1997	Silberdistel, Wetterdistel *(Carlina acaulis)*	92
1998	Krebsschere, Wasseraloe *(Stratiotes aloides)*	98
1999	Sumpfdotterblume *(Caltha palustris)*	104
2000	Purpurblauer Steinsame *(Lithospermum purpuro-coeruleum)*	109
2001	Blutroter Storchschnabel *(Geranium sanguineum)*	113
2002	Hainveilchen *(Viola riviniana)*	117
2003	Kornrade *(Agrostemma Githago)*	121

Mit Lokis Augen ▸ SIEGFRIED LENZ

Loki ist an allem schuld. Früher, da ließ ich bei manchem Spaziergang mein Stöckchen pfeifen, köpfte, was sich lang hervorgewagt hatte; bedenkenlos, ohne unter mich zu blicken, latschte ich durch Flur und Feld sozusagen, zertrampelte, was unter meinen Schuh geriet, ließ Wiese und Heide mein Gewicht fühlen. Das Kleine, das Geduckte, das Unscheinbare: es schien mir zu anonym, als dass es meinen Schritt beeinflussen durfte. Ein souveräner Pedder – so zog ich meine Spur, und ich fragte mich nie, was meine Sohle knickte, presste, zermalmte. Der aufrechte Gang verführt nun einmal zur Rücksichtslosigkeit, und übertriebene Achtsamkeit gegenüber dem Genügsamen, das nur für sich selber da ist, schien mir nicht angebracht. Nach Herzenslust ausschreiten zu können, so glaubte ich lange, ist schließlich auch ein Ausdruck von Freiheit.

Doch nun ist es vorbei mit aller Souveränität und selbstlizensierter Rücksichtslosigkeit. Unbesorgtes Streifen gibt es nicht mehr. Mein Stöckchen köpft weder Distel noch Butterblume, und mein Gang hat sich eigentümlich verändert – geradeso, als unterliege er einer Hemmung. Meine Bewegungen – ich merke es – haben etwas ärgerlich Behutsames angenommen, und meinen Blick zwingt es immer wieder nach unten. Außerdem fühle ich mich zu einer Aufmerksamkeit verpflichtet, die ich vorher nicht gekannt habe: einer begleitenden Aufmerksamkeit für den Fall der Schritte. Und all das hat Loki fertiggebracht.

Sie schaffte es auf eigene, auf Loki-Art; und das heißt: nicht durch Warnung oder Drohung, auch nicht durch drastische Belehrung, sondern leise, indirekt und in anmutig aufklärerischer Weise. Ja, ich muß mir eingestehen, daß es die besondere Anmut ihrer Aufklärung war, die meine Tritt- und Trampelgewohnheiten änderte und mich dahin brachte, all die genußvolle Rücksichtslosigkeit beim Streifen aufzugeben. Ich weiß nicht, ob es bei ihr Methode ist, jedenfalls begann es, wenn ich zurückdenke, immer mit kleiner Entdeckerfreude – an dänischem Strand ebenso wie auf schleswig-holsteinischer Wildwiese. Loki, ständig etwas zurückbleibend, bückte sich plötzlich, zupfte da, legte etwas frei, wunderte sich und betrachtete interessiert das Gefundene, von dem ich anfangs glaubte, daß es zumindest der Armreif eines Wikinger-Mädchens sein müßte. Doch immer war es nur ein Pflänzlein, ein Kraut, ein wildblühendes Etwas von rührender Dürftigkeit. Klar, daß Loki bemüht war, mir das geringe Gewächs näherzubringen, eine gewisse Vertrautheit herzustellen, indem sie es bestimmte, seine Herkunft und Eigenart feststellte, vielleicht auch seine Wanderlust beschrieb und mich schließlich nötigte, die, wenn auch noch so karge, Schönheit des Winzlings anzuerkennen. Da versprach ich schon, die unscheinbare Familie des Bodenkriechers nie mehr zu übersehen und meinen Fuß schonend daneben zu setzen.

Ein für allemal aber hat Loki mein argloses Bewegungsbedürfnis in freier Natur durch etwas anderes verändert: durch namentliche Vorstellung all dessen nämlich, dem ich bisher meine 78 Kilo zugemutet hatte. In der Tat: wie kurz entschlossen zertritt man Anonymes, Beliebiges, Namenloses, und wie vielsagend zögert der Fuß, ehe er Bekanntes plättet, das sich seit langem einen Namen verdient hat. Namenskundig, daß es einem zuweilen die Sprache verschlägt, machte Loki sich anscheinend eine Freude daraus, mir Katzenminze und Mäuseklee, Kälberkraut und Hühnerbiß, Reiherschnabel und Ochsenauge persönlich vorzustellen, lüftete dabei pflanzliche Intimität, weckte in mir unvermuteten Respekt für das Eigentümliche. Fast kam ich da in Versuchung, der bezeichneten Pflanze meine Hand hinzustrecken: Freut mich, Sie kennenzulernen. All die Namen hoben nicht nur die Anonymität auf, sondern bezeugten auch gleichzeitig eine bestimmte Wesensart; sie gaben Auskunft über Entstehung und Eigenart, belegten Funktion und

Gleichniswert, und nicht zuletzt stimulierten sie die Einbildungskraft. Wen verführt es schließlich nicht dazu, sich ein Bild zu machen – oder ein vorhandenes Bild zu vertiefen –, wenn er Namen hört wie Lerchensporn und Igelgurke, Froschlöffel und Hundszunge. Beiläufig bewies Loki mir, daß es kein beliebiger Name war, den die Pflanze trug – einfach schön erfunden und mutwillig angepaßt –, sondern daß er sich rechtfertigte auf mannigfache Art; denn viel war in ihm gesammelt an Beobachtung, an Vergleich und Erfahrung. Der Name jedenfalls, das lernte ich, begründete ein bestimmtes Sein.

Diese Einsicht hatte zur Folge, daß ich mich zunächst wie festgeleimt fühlte und ängstlich um mich herum blickte, forschend, ob da nicht zufällig ein Nieswurz, ein Meisterwurz, ein Hunds- oder Ruhrwurz wuchs, denen ich bei unbedachtsamem Schritt die Saftzufuhr abklemmen könnte. Die einzige Bewegungsart, die ich mir erlaubte, war der kalkulierte, der mühsame Storchengang: Macht und Magie der Namen triumphierten.

Mein respektvolles Erstaunen wurde jedoch noch größer, als Loki mich davon überzeugte, daß der Name einer Pflanze durchaus auch eine Personalität spiegeln und erschließen und ziemlich getreu wiedergeben kann. Anders gesagt: Meine Freundin versicherte mir zwinkernd, daß sich sogar das Wesen eines Menschen in einer ihm entsprechenden Blume wiederfinden läßt. Ich zweifelte. Schnell erwog ich für mich, in welch einem Gewächs wohl mein Wesen wiederzufinden wäre. Bauernrose? Roßkastanie? Miere oder Hornkraut? Weil ich mich nicht rasch genug festlegen konnte – und, ich geb's zu: von Zweifel begleitet –, schlug ich ihr vor, die Probe aufs Exempel zu machen, bei einer ganz gewissen, bei der Helmut-Schmidt-Rose. Mit brutaler Direktheit fragte ich, ob diese Rose denn tatsächlich Aufschluß über ihren Namensstifter gibt, und Loki bestätigte es mit einer Interpretationsfreude, die mich verwirrte.

Sie verwies zunächst auf den aufrechten Stengel, der, im Unterschied zu anderen Edelrosen (nobiles) keineswegs schwach ist, sondern sich bei Wind und Sturzregen behauptet und, wenn er auf lehmigem Sandboden steht, also eine verläßliche Basis hat, ziemlich unerschütterbar ist. Die Äste, deren unbehaarte Blätter auf der Unterseite ein wenig heller sind, zeigen eine beträchtliche Steifheit, scheinen fürs Tragen und Bewahren gemacht zu sein, jedenfalls nehmen sie in Kauf, was man ihnen an bemessenem Gewicht aufbürdet. Die Stacheln, die sind weniger gekrümmt als bei anderen Sorten – so verstand ich Loki –; freilich: Sie sind rot und vollzählig und so vollkommen ausgebildet, daß sie nach allen Seiten stechen. Übrigens sind sie gut erkennbar, denn die Nebenblätter, die hoch angewachsen sind, dienen nicht dazu, die Stacheln zu verbergen. Der Blütenkelch scheint zu wissen, worauf es ankommt und was er darstellt: Die Farbe Gelb besitzt unter allen Spektralfarben die größte Leuchtkraft. Eigentümlicherweise sind gelbe Farbstoffe Körper, die blaue und violette Lichtstrahlen absorbieren und nur Rot und Grün durchlassen. Als Loki dann noch – lächelnd und mit ironischem Vergnügen – den spezifischen Duft der befragten Rose erörtern wollte, winkte ich ab: Ich war überzeugt. Ich war so sehr überzeugt, daß ich von da an kein Gewächs mehr ansehen konnte, ohne mich besorgt zu fragen, welch ein Freund sich in ihm spiegelte beziehungsweise mir listig aus ihm zunickte. Als Betroffener von Lokis sanfter Pädagogik muß man auf alles gefaßt sein.

Allerdings: die Veränderungen bedenkend, die mit mir vorgegangen sind; den ganzen Wandel bilanzierend, für den sie verantwortlich ist, muß ich zugeben, daß ich Loki einen erheblichen Zuwachs an Hellhörigkeit, an Finderglück und entzückter Wahrnehmung verdanke. Man kann es auch Freude nennen.

Vorwort

Schon bald nach dem Krieg vermißte ich bei Spaziergängen einige Pflanzen, die mir seit meinen Kindertagen vertraut waren. Ich erzählte Freunden häufiger von meinen Beobachtungen, bis mein Freund Kurt Körber eines Tages energisch sagte: »Red' nicht immer von deinen Pflanzen. Tu was!«

Ein kleines Erlebnis vor etwa 30 Jahren verstärkte dann meinen Wunsch, öffentlich etwas für die bedrohten Pflanzen zu tun. In den nordwestlichen Randbezirken von Hamburg gibt es noch Reste von ehemals großen Moorgebieten. Dort begegnete mir ein junges Paar mit zwei kleineren Kindern. Die Mutter hatte einen großen Strauß Lungenenzian in der Hand. Ich konnte es nicht unterlassen, sie anzusprechen und ihnen zu sagen, daß der Enzian in ihrer Hand eine geschützte Pflanze sei. Mit erstaunten Augen sagten Mann und Frau: »Enzian wächst doch nur im Gebirge, dies sind Glockenblumen.« Beide hörten aber geduldig zu, als ich ihnen den Unterschied zwischen Glockenblumen und Enzian erklärte. Mir wurde deutlich, daß auch manche seltene Pflanze durch Unkenntnis zerstört wurde.

In den folgenden Jahren habe ich dann ein paar Bundesgenossen gesucht. Wir gründeten 1976 ein Kuratorium, das später zur »Stiftung zum Schutze gefährdeter Pflanzen« wurde.

Drei Dinge waren mir wichtig:

1. Öffentliche Information für Laien, denn durch Unkenntnis wird manches zerstört.

2. Eine Bestandsaufnahme aller in Deutschland wachsenden Pflanzen und ihrer Standorte. Das durch die Stiftung geförderte Buch (Haeupler/Schönfelder, Atlas der Farn- und Blütenpflanzen der Bundesrepublik Deutschland, Ulmer-Verlag) ist Anfang 1989 erschienen.

3. Als Fernziel sollte die Stiftung, wenn sie finanziell dazu in der Lage sein würde, Grundstücke mit gefährdeten Pflanzen kaufen.

Für alle drei Punkte brauchten wir Geld. Die größte Summe verdiente die Stiftung mit Tellern, die die bekannte Porzellanmanufaktur Rosenthal nach meinen Entwürfen herstellte, denn von jedem verkauften Teller gab es 5,00 DM.

Die ersten Jahre der Stiftungsarbeit waren mühsam. Tierschutz war bekannt. Aber daß auch Pflanzen vom Aussterben bedroht waren, war den meisten Menschen fremd. 1976 gab es noch keinen Umweltminister. Auch die Partei der Grünen oder Greenpeace wurden erst Jahre später gegründet.

1980 beschlossen wir in der Stiftung, jährlich eine »Blume des Jahres« zu benennen, um noch deutlicher auf die bedrohte Pflanzenwelt aufmerksam zu machen. Unsere Vorstellung war, zuerst besonders schön blühende gefährdete Pflanzen auszusuchen, um das Interesse der Menschen am Pflanzenschutz zu wecken. Nach 1986, als ich wieder ganz in Hamburg lebte, schlossen sich meine alte Stiftung und die neu gegründete Stiftung »Naturschutz Hamburg« zusammen. Inzwischen haben wir viele Grundstücke mit bedrohten Pflanzen kaufen können. Nach einigen Jahren, als die »Blume des Jahres« auch durch die Presse mehr Aufmerksamkeit erfuhr, wählten wir Pflanzen aus, die auf gefährdete Lebensräume hinwiesen, denn ohne den geeigneten Standort kann keine Pflanze überleben. So haben wir in den vergangenen zwei Jahrzehnten durch die »Blume des Jahres« manche der vielfältigen Landschaftsformen vorgestellt, die es in Deutschland gibt.

Es sind nur wenige von Menschen kaum beeinflußte Naturlandschaften darunter. Der größte Teil sind Landschaftsformen, die durch die Besiedelung und Bewirtschaftung der Menschen erst entstanden sind, also altes Kulturland. Aber ob Natur oder altes Kulturland, alle diese Landschaftsformen sind seit Jahrzehnten durch zu starke Einwirkungen durch uns Menschen bedroht. Vielleicht helfen die »Blumen des Jahres«, etwas achtsamer mit unseren Wildpflanzen umzugehen.

Lungen-Enzian ▸ (GENTIANA PNEUMONANTHE)

BLUME DES JAHRES 1980

Der Lungenenzian *(Gentiana pneumonanthe)* wurde 1980 als erste »Blume des Jahres« von der Stiftung vorgestellt. Diese schöne Pflanze war ja, wie ich im Vorwort erzählte, ein Auslöser meiner Arbeit für den Naturschutz.

Der Lungenenzian kommt in Hoch- und Flachmooren vor. Hochmoore und Flachmoore sind zwei unterschiedliche Moortypen. Das Hochmoor sitzt auf Torf mit einer ständig in die Höhe wachsenden Schicht von Torfmoos *(Sphagnum)*. Es bekommt seine Feuchtigkeit nur durch Regen oder Schnee, in dem kleine Staubteilchen oder Pollen (Blütenstaub) als einzige Düngung auf die Oberfläche fallen. Auf diesen sauren, armen Flächen wachsen nur besonders angepaßte Pflanzen.

Das Flachmoor bekommt sein Wasser nicht nur durch Regen, sondern auch durch Zufluß von Wasser, das vorher mit anderen Böden oder Gestein in Verbindung war und deshalb mehr Nährstoffe enthält. Zwischen beiden Moorarten gibt es Übergangsformen (Zwischen-Moore).

Den Lungenenzian findet man nicht nur im Hoch- oder Flachmoor, sondern sehr oft auf feuchten, mageren Wiesen, die man als Streuwiesen bezeichnet. Einmal im Spätsommer wurden diese Wiesen gemäht, um Streu für das Vieh zu gewinnen. Diese Form der Bewirtschaftung ist heute nicht mehr üblich. Die Wiesen werden jetzt kräftig gedüngt und mehrmals im Jahr gemäht, so daß die artenreichen Streuwiesen langsam verschwinden. Der Lungenenzian soll auf diesen bedrohten Lebensraum hinweisen, der nur zu erhalten ist, wenn man die alte Bewirtschaftungsform nachahmt, das heißt einmal im Jahr mäht und das Mähgut entfernt.
Der Lungenenzian kann bis 40 cm hoch werden. Seine schmalen Blätter sitzen gegenständlich. Damit meint man, daß jeweils zwei Blätter am Stengel sich gegenüber stehen. Die bis zu 5 cm großen, aufrecht stehenden Blüten sitzen am Ende des Stengels. Sie haben eine trichterförmige, glockige Form und eine blaue intensive Farbe mit grünlichen Streifen an der Außenseite. Der Enzian blüht von Juli bis September. Er steht, wie alle anderen Enzianarten, in Deutschland unter Naturschutz. Die meisten Enzianarten wachsen in den südlichen Gebieten Deutschlands – vor allem auf Kalkböden. Viele sind ausdauernd wie der Lungenenzian, einige sind aber auch einjährig und wachsen jedes Jahr neu aus Samen.
Erst in den letzten Jahrzehnten habe ich von Freunden in Schleswig-Holstein gelernt, daß es eine geheimnisvolle, seltsame Verbin-

dung zwischen dem Lungenenzian, dem Lungenenzian-Ameisenbläuling *(Maculinea alcon)* und der Ameisenart *Myrmica ruginodis* gibt. Bei einer Wanderung am Rande eines Moorgebietes in der Nähe von Rendsburg zeigte man mir Ende Juli Lungenenzianpflanzen, auf deren Blütenknospen gut erkennbar weißliche kleine Eier zu erkennen waren.

Ich hörte, daß das die Eier eines Bläulings sind, den man im Juli sehen kann. Die Männchen sind oberseits blau, von unten haben die Flügel schwarze Punkte auf ockerfarbenem Grund. Die Weibchen haben dunkelbraune Oberflügel. Die Schmetterlinge werden nur etwa 10 Tage alt. In der Zeit müssen sie sich paaren, und das Weibchen muß seine Eier auf einer Enzianblütenknospe ablegen. Wir entdeckten an mehreren Pflanzen die Eier auf den noch grünen Blütenknospen. Auf meine Frage, ob die Schmetterlingsraupen den Lungenenzian als Wirtspflanze benutzen, erfuhr ich eine fast unglaubliche Geschichte. Aus den Eiern schlüpfen nach etwa neun Tagen die Raupen, die sich durch die Kelchblätter in den Fruchtknoten fressen. Bis zum September haben sie sich zweimal gehäutet, sind etwa 3 mm lang und ähneln rötlich gefärbten Maden. Nach einer weiteren Häutung kriechen die Raupen aus dem Lungenenzian ins Freie. Hier sind sie Freßfeinden, besonders Ameisen, ausgesetzt. Aber die kleinen Raupen scheiden aus kleinen Drüsen eine Art Beschwichtigungssubstanz aus. Kommen jetzt Ameisen an

dem Lungenenzian entlang gekrabbelt, sehen sie die Raupen nicht als Beute, sondern als eigene Larven an und schleppen sie in ihren Bau. Dort wird die Raupe zu der Ameisenbrut gelegt und genauso gefüttert und gereinigt wie die Ameisenlarven, besonders weil die Bläulingsraupen auf der Oberseite eine zuckerhaltige Substanz ausscheiden. Nach der Winterruhe im Ameisenbau werden die Raupen in den obersten Kammern des Baus so gut gefüttert, daß sie sich im Juni verpuppen und nach 22 Tagen schlüpfen. Noch ehe sie ihre Flügel entfaltet haben, kriechen sie in den Ameisengängen ins Freie – offenbar wieder durch die ausgeschiedenen Stoffe geschützt, wie sie sie als Raupen und Puppen produziert haben. Ab Mitte Juli schlüpfen die meisten Schmetterlinge. Nach Hochzeitsflug und Eiablage geht das Schmetterlingsleben zu Ende, aber für die nächste Generation ist gesorgt.

Für mich ist eine große Frage, ob das Bläulingsweibchen bei der Eiablage ahnt, daß sich dicht bei dem Lungenenzian als erster Futterpflanze auch ein Ameisenbau mit der »richtigen« Ameisenart befindet, die die Räupchen in ihren Bau schleppt. Das Risiko ist groß. Aber noch kann man dieses seltsame Verhalten von Ameisen und Bläulingen und dem Lungenenzian, das als Kleptoparasitismus bezeichnet wird, als ein Wunder der Natur bestaunen.

Gelbe Narzisse (NARCISSUS PSEUDONARCISSUS)

BLUME DES JAHRES 1981

Der noch jungen Stiftung wurde 1977 eine kleine Wiese an der belgisch-deutschen Grenze angeboten. Sie hatte zwei Besonderheiten. Zum einen floß die Olef, der Grenzbach zwischen Belgien und Deutschland, in sanften Biegungen durch die Wiese. Mit einem Sprung über den Bach konnte man ohne Paß von einem Land zum anderen wechseln. Vor allem aber war die feuchte Wiese bewachsen mit Hunderten von gelben Wildnarzissen. Diese schönen Frühjahrsblüher, die Wildform unserer Osterglocken, sind recht selten. Es gibt sie nur in der Eifel und im Hunsrück.

Das Angebot war so verlockend, besonders weil die Gefahr bestand, daß die Wiese mit Fichten aufgeforstet werden konnte. Das wäre das Ende der Narzissen gewesen, die Licht brauchen und im Schatten von Bäumen nicht gedeihen können.

Ein befreundeter Kaufmann, Herr Dr. Werner Otto, der wie ich an der Natur interessiert ist, schenkte uns die Kaufsumme.

Was sich in den nächsten Jahren entwickelte, grenzt an ein Wunder. Der belgischen Gemeinde Büllingen auf der einen Seite und

der deutschen Gemeinde Hellenthal auf der anderen Seite gelang es nach wenigen Jahren, durch Grundstückstausch mit den Privatbesitzern, einen breiten Streifen auf beiden Seiten der Olef für die Narzissen freizugeben. Da an manchen Stellen schon mit Fichten aufgeforstet war, verbündeten sich die deutschen Privatförster der Arenbergischen Gesellschaft und die belgischen Staatsförster und entfernten gemeinsam die gepflanzten Fichten.
In den achtziger Jahren besuchte eine Gruppe polnischer Förster ihre deutschen Kollegen. Außer Fachgesprächen gab es natürlich Besichtigungen im Freiland. Auch die Narzissenwiese wurde besucht. Ein deutscher Förster sprang über die kleine Olef, den Grenzbach. Als alle deutschen und polnischen Kollegen gefolgt waren, hieß es: Willkommen im Königreich Belgien. Die Polen waren verdutzt und erstaunt, daß man ohne Schranke, ohne Kontrolle so einfach nach Belgien kommen konnte. Eifrig wurden die Grenzsteine gesucht und gefunden. Später meinten die Polen, ihr Besuch sei sehr interessant gewesen, aber das Ungewöhnlichste war der Sprung über den Bach in ein anderes Land.
Heute, nach etwas über 20 Jahren, haben sich die Wildnarzissen so ausgebreitet, daß man etwa 6 Kilometer im Oleftal an der belgisch-deutschen Grenze entlang wandern und Millionen von Narzissen bestaunen kann.
Für die Stiftung war das der Grund, schon 1981 die Gelbe Narzisse

(Narcissus pseudonarcissus) zur »Blume des Jahres« zu erwählen.
Die Narzisse gehört zu den Amaryllis-Gewächsen. Sie hat eine dicke Zwiebel, aus der jedes Jahr schmale blaugrüne Blätter wachsen. Die 5 – 8 cm großen Blüten haben eine hellgelbe Krone und eine lange, etwas dunkler gefärbte Nebenkrone. Die Pflanze wird etwa 15 – 30 cm hoch und blüht von April bis Mai. Sie wächst nur auf Bergwiesen in sauren, humosen Böden.
Wenn man die Blütenpracht im Oleftal bestaunt, vergißt man, daß die Wildnarzisse ja nur noch im Hunsrück vorkommt und zu den seltenen Pflanzen gehört, die unter Schutz gestellt sind. Durch Ausgraben oder durch Aufforsten ist der Bestand gefährdet.
Für Hausgärten sind die verschiedenen Zuchtformen viel geeigneter.

Rotes Waldvögelein ▸ (CEPHALANTHERA RUBRA)

BLUME DES JAHRES 1982

In Deutschland gibt es etwa 60 Arten von Orchideen, die alle licht- und wärmebedürftig sind. Nach der Eiszeit erst sind sie von Süden bei uns eingewandert. Eine der schönsten ist das Rote Waldvögelein. Aus Abbildungen kannte ich diese schöne Orchidee schon lange. Aber erst bei Wanderungen in der Eifel während unserer Bonner Zeit fand ich einige dieser seltenen Pflanzen in einem lichten Buchenwald.

Beim Anblick der fast einen halben Meter hohen Gewächse mit ihren etwa 2 cm großen rosaroten Blüten dachte ich gleich: Welch ein passender Name! Wie kleine Vögel sitzen die Blüten an dem aufrechten Stengel. Der Vogeleindruck entsteht durch die beiden abstehenden größeren Blütenblätter. Erst beim genaueren Hinsehen entdeckt man weitere Feinheiten, wie die flaumige Behaarung des Stengels oder den langen, gedrehten Fruchtknoten, der gleichzeitig als Blütenstiel dient. Der Stengel, mit langen, schmalen, gerippten Blättern, ragt mit den Blüten über die umgebende Krautschicht, so daß die Pflanze genügend Licht bekommt.

Das Rote Waldvögelein blüht im Juni und Juli und wächst auf kalkreichen Böden. Es ist sehr selten und kommt in Deutschland nur in der Kalkeifel, im Saarland und im Westerwald vor.
Wegen seiner Seltenheit haben wir von der Stiftung das Rote Waldvögelein zur »Blume des Jahres 1982« gewählt, um zu zeigen, welche Pflanzenkostbarkeiten wir in Deutschland besonders unter denn Orchideen haben, die alle schon lange unter Naturschutz stehen.

Wildtulpe (TULIPA SYLVESTRIS)

BLUME DES JAHRES 1983

Auch für das Jahr 1983 erwählte die Stiftung eine auffallend schön blühende Pflanze, die Wildtulpe oder Waldtulpe. Von vielen in den letzten Jahrzehnten nach Deutschland eingeführten niedrigen meist rot blühenden Wildtulpenarten weiß man inzwischen, aus welchen Ursprungsländern sie kommen. Nur bei der Tulipa sylvestris ist das nicht gelungen, sie muß schon vor Jahrhunderten eingebürgert sein. In allen Bestimmungsbüchern wird als Standort genannt: Weinberge und Äcker in warmen Gegenden. Ich fand aber wiederholt die Wildtulpe auch im Norden Deutschlands. Noch heute findet man sie an den Deichhängen der Vierlande, einem von Altarmen der Elbe durchzogenen eingedeichten Marschland, das seit Jahrhunderten Hamburgs »Gemüse- und Blumengarten« ist.

Mein Vater erzählte mir, daß in seiner Jugend (vor etwa 100 Jahren) die Vierländer Bäuerinnen in ihrer schmucken Tracht Gemüse nach Hamburg brachten. Immer hatten sie im Frühjahr auch viele Sträuße von Wildtulpen zum Verkauf dabei.

Auch im Stadtteil Othmarschen in Hamburg wuchsen und blühten noch in den fünfziger Jahren Wildtulpen bei der Kirche.

1949 machten mein Mann und ich mit unserer kleinen Tochter unsere erste Ferienreise nach Bosau am Plöner See in Schleswig-Holstein. Dort fand ich in fast allen Bauerngärten Wildtulpen.

Ich erkundigte mich, woher die Tulpenzwiebeln gekommen seien, und erfuhr: »Die Tulpen waren schon immer da. Sie vermehren sich von selbst.« Jetzt sind in Bosau kaum noch Wildtulpen zu finden. Rasen und Rosen haben ihren Platz eingenommen. Aber ich hatte mir rechtzeitig einige Zwiebeln erbeten, die nun in Hamburg in unserem Garten wachsen.

Hier können wir beobachten, wie sich im April aus dem Gewirr der saftiggrünen breit-lanzettlichen Blätter die Blütenstengel erheben, an denen je eine Knospe sitzt, die vor dem Aufblühen nickend hängt und gelbgrünlich gefärbt ist. Beim Öffnen richtet sie sich auf und zeigt einen strahlend gelben sechsteiligen Stern mit spitz auslaufenden Blütenblättern, der einen zarten Duft ausströmt. Die Pflanze macht viele zwiebeltragende Ausläufer, bei denen es aber lange dauert, bis sie blühen.

In den Weinbergen ist die schöne Pflanze durch zu intensive Bodenbearbeitung und durch Herbizide leider fast ganz verschwunden.

Sommer-Adonisröschen ‣ (ADONIS AESTIVALIS)

BLUME DES JAHRES 1984

Das Sommer-Adonisröschen ist eines der schönsten Ackerwildkräuter. Mit den Ackerbauern, die vor etwa 6000 Jahren aus dem »fruchtbaren Halbmond« (Mesopotamien, Syrien, Jordanien ...) nach Mitteleuropa einwanderten, kam auch die Segetalflora – die Getreideäcker begleitenden Unkräuter – in ihrem Getreide mit hierher. Erst seit der Zeit blühen in Deutschland Kornblumen, Mohnblumen, Kornraden und vieles mehr – und auch das Sommer-Adonisröschen. Die leuchtendrote Blüte hat die Phantasie der Menschen schon lange beschäftigt. Eine griechische Sage erzählt, daß der schöne Jüngling Adonis auf der Jagd von einem wilden Eber, den die Göttin Artemis geschickt hatte, tödlich verletzt wurde. Aus seinem Blut, das auf die Erde tropfte, wuchsen die Adonisröschen. Manche Bauern nannten die Pflanze »Teufelsauge« oder »Sommer-Teufelsauge«, weil sie meinten, sie sei giftig. Leicht giftig ist das Adonisröschen allerdings. In der Volksmedizin wurden die Blätter, ähnlich wie Fingerhut, zur Herztherapie verwandt, und die Wurzeln und Samen dienten als Abführmittel.

Das Sommer-Adonisröschen gehört zu den Hahnenfußgewächsen. Es kann bis zu 70 cm groß werden. Die einzelnen Blüten an der Spitze der Pflanze werden von meist sieben leuchtendrot bis gelbroten Blütenblättern gebildet, die im Grunde ins Violett-Schwärzliche übergehen. Die Blätter an den Stengeln sind fein gefiedert. Die Pflanze ist einjährig und blüht von Mai bis Juni. Nach der Bestäubung entwickeln sich kleine spitzgezahnte Früchtchen.
Das Adonisröschen wächst auf kalkreichen trockenen Böden, besonders auf Wintergetreideäckern.
Seit Mitte des vorigen Jahrhunderts, nach dem Zweiten Weltkrieg, ist das Adonisröschen stark gefährdet. Der Rückgang ist in erster Linie auf den Einsatz von Herbiziden zurückzuführen.

Wald-Akelei ▸ (AQUILEGIA VULGARIS)

BLUME DES JAHRES 1985

Wer wie ich einmal das Glück hatte, in einem lichten Eichen oder Buchenmischwald oder auf einer Waldwiese auf eine wilde Akelei in Blüte zu treffen, wird staunend stehenbleiben und die bizarr geformten blauen Blüten bewundern. Wie kleine Elfenkrönchen thronen die Blütenköpfe auf langen schlanken Stengeln. Schon Albrecht Dürer war angetan von diesen Blüten und malte sie. Auch auf mittelalterlichen Madonnen-Bildern findet man zu Füßen der Maria zwischen vielerlei Blüten oft auch die Akelei.

Ihr lateinischer Name *Aquilegia vulgaris* nennt sie »gewöhnliche Akelei« . Das sagt uns, daß sie früher häufig vorkam. Es wird sogar erzählt, daß ihre jungen Triebe im Frühjahr geschnitten und wie Spargel zubereitet wurden. Auch als Arzneipflanze wurde sie verwandt.

Heute ist die Akelei so selten geworden, daß sie vom Aussterben bedroht ist und schon längst zu den geschützten Pflanzen gehört. Sie wächst auf Kalkböden in lockeren Wäldern und auf

durchwärmten Waldsäumen und Lichtungen, von der Ebene bis zu 2000 Meter Höhe. In Norddeutschland ist sie kaum zu finden.
Die Akelei gehört zu den Hahnenfußgewächsen. An ihren schlanken Stengeln sitzen große, dreiteilige Blätter und einzelnstehende, langgestielte Blüten von intensiver blauer Farbe. Die Blütenform ist recht seltsam. Die fünf Blütenblätter sind zweilippig und nach unten geöffnet, während der dazugehörige Sporn, der am Ende umgerollt ist, in die Höhe zeigt. Die Akelei ist mehrjährig, blüht von Mai bis Juli und wird gern von Hummeln besucht, die mit ihren langen Rüsseln an den Nektar kommen können.
Wegen dieser besonderen Blütenform und der schönen Farbe verlockt sie manchen Wanderer zum Abpflücken. Mit der Veränderung ihres Lebensraumes durch Aufforsten mit Nadelwald oder durch landwirtschaftliche Nutzung, zum Beispiel bei Flurbereinigung, aber auch durch das Abpflücken, ist die Akelei stark gefährdet.
Schon in der Natur kann die Blütenfarbe leicht zu einem hellen Blau, zu zart Rosa oder Weiß variieren. Da ist es kein Wunder, daß Gärtner die Akelei seit langer Zeit als Zierpflanze gezüchtet haben und sie heute in vielen Farben und Formen anbieten. Vielleicht ist das der beste Schutz der Wald-Akelei.

Arnika ▸ (ARNIKA MONTANA)

BLUME DES JAHRES 1986

In diesem Jahr hat die Stiftung eine Pflanze erwählt, die wegen ihrer großen goldgelben Blüten auffällt. Die Arnika war früher in ganz Deutschland zu finden und spielte seit Jahrhunderten eine wichtige Rolle als Heilpflanze.

Schon ihre vielen landschaftlich unterschiedlichen Namen wie Bergwohlverleih, Mutterwurz, Engelskraut, Brechblume oder Johannisblumenkraut zeigen, daß die Arnika in der Volksmedizin eine große Rolle spielte. Durch Auspressen der ganzen Pflanze, vermischt mit Spiritus, gewann man die Arnikatinktur, um Quetschungen und Wunden zu heilen. Einige alte Namen deuten darauf hin, daß ihre Substanzen auch eingenommen wurden.

Die Arnika ist auch heute noch eine wichtige Heilpflanze. Da ihre Bestände seit vielen Jahren zurückgegangen sind, ist sie in Deutschland geschützt und darf weder gepflückt noch am Wildstandort gesammelt werden.

Schon in den siebziger Jahren des vorigen Jahrhunderts hörte ich von der pharmazeutischen Firma Dr. Willmar Schwabe in Karls-

ruhe, daß dort wichtige Heilpflanzen nach sorgfältigen Untersuchungen feldmäßig angebaut wurden. Nach meinem Besuch der Firma, bei dem ich Felder von blühender Arnika sah, aber auch den Anbau von anderen Wildpflanzen beobachtete, die in der Homöopathie eine Rolle spielen, verliehen wir der Firma Dr. Willmar Schwabe 1979 die Silberpflanze unserer Stiftung als Dank, weil durch die Anbaumethoden der Firma die Wildpflanzenbestände geschont werden.

Ich kenne die Arnika schon seit Kinderzeiten. Südlich der Elbe, in Fischbek und Neugraben (heute bebaute Stadtteile Hamburgs), gab es noch ausgedehnte Heideflächen, die von den Bauern »abgeplagt« wurden, um die Streu für die Viehställe zu gewinnen. Neben verkrüppelten Eichenbüschen, unter denen wir Kinder Blaubeeren sammelten, blühte im Sommer strahlend gelb die Arnika.

Die Arnika gehört zu den Korbblütlern. Aus einer Blattrosette erhebt sich ein bis zu 50 cm hoher Stengel mit länglichen kleinen Blättern und ein bis drei sehr großen goldgelben Blüten, die bis zu 8 cm Durchmesser haben können. Die Arnika ist ausdauernd und blüht im Juni bis Juli. Alle Pflanzenteile, besonders die Wurzel, enthalten Amicin, Gerbstoffe und ätherische Öle.

Die Pflanze braucht magere, saure Böden und meidet Kalk. Man findet sie auf Borstgrasrasen und Heidemooren, auf Gebirgswiesen und im Mittelgebirge, aber auch, wenn auch selten, auf mageren, sauren Heideflächen im Norden Deutschlands.

Durch Düngung und Aufforstung ihrer Lebensräume, aber auch durch Sammeln, ist die Arnika in vielen Teilen Deutschlands stark zurückgegangen.

Stranddistel ▸ (ERYNGIUM MARITIMUM)

BLUME DES JAHRES 1987

In diesem Jahr wollte die Stiftung auf die Meeresküsten aufmerksam machen, weil sie ein besonders gefährdeter Lebensraum sind. Darum wählten wir die Stranddistel, eine der schönsten Pflanzen des Dünengürtels, zur Blume des Jahres.

Schon vor fast 100 Jahren wurde die Stranddistel in Schleswig-Holstein unter Schutz gestellt, denn damals schnitt man sie in Massen und verkaufte sie als dekorative, haltbare Pflanze für Trockensträuße auf den Märkten.

Ich sah die Stranddistel das erste Mal 1926. Unsere Schule hatte ein Schulheim an der Ostsee, in dem auch wir Kleinen im zweiten Schuljahr 14 Tage verbrachten. Natürlich war das Meer, das wir kleinen Hamburger alle noch nicht kannten, das Aufregendste. Aber dann entdeckte ich die Stranddistel. Das Erlebnis werde ich nie vergessen. Da wuchs eine Pflanze so fremd und seltsam mit blaugrünen Blättern, die blank und wachsig waren und merkwürdige Spitzen hatten. Erst die blauen Blütenköpfe sahen mich vertraut an. In Hamburg suchte ich die Stranddistel in einem

Bestimmungsbuch. Aber die eigentlich recht gute Abbildung konnte nicht abermals den Eindruck des Fremden, Geheimnisvollen hervorzaubern wie die erste Begegnung.

Die Stranddistel ist gar keine Distel, sondern ein Doldenblütler. Man kann es erkennen, wenn man den leuchtend blauen Blütenkopf genau betrachtet. Die Stranddistel wird auch »Seemannstreu«, »Meerstrandmannstreu« oder »Meerwurzel« genannt. Die Namen zeigen, daß sie früher häufiger vorkam und bekannter war als heute.

Sie wird bis 50 cm hoch und hat handförmig gelappte, steife, blaugrüne Blätter, die gezähnt und dornig sind. Als Schutz gegen Austrocknung durch den Seewind und Sandverwehungen sind die Blätter mit einer Wachsschicht überzogen. Ihre kugeligen Blüten sind blau, ebenso die stacheligen Hüllblätter. Sie blüht von Juli bis Oktober.

Die Wurzeln können fast zwei Meter lang werden – auch ein Schutz gegen Wind und Sand. Früher wurden die *Saponine* in den Wurzeln als äußeres Mittel gegen Schmerzen verwandt.

Bestäuberinsekten sind Schwebfliegen, Bienen und Hummeln, aber auch Schmetterlinge. Die reifen Samen werden durch den Küstenwind verbreitet.

Die geschützte Stranddistel, aber auch andere Pflanzen, deren Lebensraum der Dünensand in unmittelbarer Nähe des Meeres ist, sind mehr und mehr bedroht durch Einengung ihres Lebensraumes, vor allem durch Urlaubs- und Touristenbetrieb.

Für Hausgärten gibt es inzwischen in Gärtnereien Zuchtformen des Alpenmannstreu, die der Stranddistel ähnlich sehen.

Sumpfcalla oder Sumpfdrachenwurz

▸ **(CALLA PALUSTRIS)**

BLUME DES JAHRES 1988

Mit der Trockenlegung von Sümpfen und Feuchtgebieten durch Entwässerung ist ein Lebensraum bedroht, dem sich eine Reihe von Pflanzen im Laufe der Evolution angepaßt haben. Darum haben wir in der Stiftung als »Blume des Jahres 1988« die Sumpfcalla *(Calla palustris)* gewählt, die eine der seltsamsten Pflanzen dieses Biotops ist.

Wer zum ersten Mal blühende Sumpfcalla an einem sumpfigen Teichufer oder in einem Erlenbruch entdeckt, meint vielleicht, hier habe jemand eine exotische Pflanze ausgesetzt. Zwischen großen, fast herzförmigen Blättern ragt eine grünliche stumpfe Ähre hervor, die von einem fast 10 cm langen weißen Hochblatt umgeben ist. Die Sumpfcalla gehört zu den Aronstabgewächsen. Außer dem Aronstab, der der Familie den Namen gab und den man verstreut in Laubwäldern findet, gibt es in Deutschland nur noch den Kalmus, der im 16. Jahrhundert aus Ostasien eingeführt wurde. Die vielen anderen Vertreter dieser Familie kommen hauptsächlich in den Tropen vor. Einige sind bei uns als Topfpflanzen für das

Zimmer zu erwerben, wie *Anthurium, Spatiphyllum* oder *Philodendron.*
Die Sumpfcalla wird auch Drachenwurz oder Schlangenkraut genannt. Angeblich soll sie gegen Schlangenbisse helfen.
Sie hat eine fast fingerdicke, kriechende Grundachse. Die rundlichen, herzförmigen Blätter sind groß und ledrig. Der Blütenkolben, der von dem weißen Hochblatt umgeben wird, ist dicht besetzt von Blüten. An der Basis findet man männliche, hauptsächlich

aber weibliche Blüten, während an der Spitze nur männliche Blüten stehen. Das Besondere an der Calla ist, daß ihre Blüten kaum von Käfern, sondern hauptsächlich von Schnecken bestäubt werden. Die Sumpfcalla blüht von Mai bis Juli und kann im August/September manchmal noch eine Nachblüte hervorbringen. Im Herbst reifen die giftigen roten Samen. Wenn die Samenkapsel platzt, schwimmen die klebrigen Samen im Wasser und werden bei Überschwemmungen zu neuen Feuchtgebieten gebracht. Durch Entwässerung und Eindeichung gibt es diese Möglichkeit heute kaum noch, allerdings können die klebrigen Samen im Gefieder von Wasservögeln weiterverbreitet werden.

Die Sumpfcalla kommt vorwiegend in Norddeutschland vor, wächst aber auch verstreut zwischen Donau und dem Alpenvorland. Sie war schon immer eine seltene Pflanze. Sie hat sich zwar in den letzten Jahrzehnten in den Entwässerungsgräben der Hamburger Elbinseln ausgebreitet, aber allgemein ist die Pflanze in den letzten 20 Jahren stark zurückgegangen.

Leider gehen die Bestände am Rande der Städte durch Einsammeln der Pflanzen für einen neuen Gartenteich zurück. Es gibt inzwischen aber viele Gärtnereien, in denen Wasserpflanzen zu kaufen sind.

Karthäuser-Nelke ‣ (DIANTHUS CARTHUSIANORUM)

BLUME DES JAHRES 1989

Die Stiftung hat 1989 die leuchtendrote, wildwachsende Karthäuser-Nelke zur Blume des Jahres gewählt. Wir wollten damit auf ihren Standort aufmerksam machen, den Trockenrasen auf Kalkböden. Trockenrasen sind keine ursprüngliche Naturlandschaft. Sie sind eine alte Kulturlandschaft, die durch die regelmäßige Beweidung durch Schafe und Rinder entstanden ist. Die Beweidung verhinderte jeden Aufwuchs von Büschen, so daß die Flächen gut von der Sonne beschienen wurden. Diese warmen, durchsonnten Trockenrasen auf Kalk sind die artenreichsten Pflanzengesellschaften, die wir in Deutschland haben. Hier gedeihen auch viele unserer heimischen Orchideen.

Da es solche Lebensräume in Norddeutschland kaum zu finden gibt, ist die Karthäuser-Nelke dort recht selten. Aber in den Mittelgebirgen und in Süddeutschland ist sie auf warmen Trockenrasenstandorten immer noch eine häufige Pflanze. Sogar an sonnigen Wegrändern oder an Bahn- und Straßenböschungen kann man ihre roten Blütenköpfe entdecken.

Die Karthäuser-Nelke heißt im Volksmund auch Blutnelke, Steinnelke oder Blutströpfchen.
Früher haben die Karthäuser-Mönche die Nelke in ihren Klostergärten angepflanzt. Die ganze Pflanze enthält seifige *Saponine,* die die Mönche gegen Muskelschmerzen und Rheuma verwandt haben. Die Karthäuser-Nelke wird 15 – 60 cm hoch. Sie ist ausdauernd. Ihre schmalen Blätter bleiben auch im Winter grün. Die Blüten wachsen am Ende des Stengels aus trockenen, braunen Hochblättern und sitzen meist zu sechst in einem Köpfchen. Sie haben fünf leicht gezähnte Blütenblätter von leuchtend roter Farbe. Die schmalen einander gegenübersitzenden Blätter am Stengel sind am Grunde miteinander verwachsen. Die Blütezeit ist von Mai bis August. Wegen ihrer schönen Farbe werden die Nelken gern abgepflückt, sie können dann keine Samen bilden, so daß der Bestand zurückgeht. Eine größere Gefahr für die Nelke ist aber, daß die Beweidung von Trockenrasen heute unwirtschaftlich ist, so daß solche Flächen in Äcker, in Grünland mit starker Düngung oder zu Forst umgewandelt werden.
Wer eine Karthäuser-Nelke in seinem Garten haben möchte, kann sie in Gärtnereien erwerben. In meinem Hamburger Garten wächst und blüht sie, trotz des mageren Sandbodens, seit vielen Jahren.

Sandköpfchen ▸ (JASIONE MONTANA)

BLUME DES JAHRES 1990

In diesem Jahr wollte die Stiftung noch einmal auf den gefährdeten Lebensraum »Trockenrasen« aufmerksam machen. Der Name »Sandköpfchen«, Blume des Jahres 1990, zeigt aber schon, daß es sich um einen anderen Trockenrasentyp handelt als im vergangenen Jahr. Das Sandköpfchen wächst nur auf kalkfreiem Sand und ähnlich dürftigen Böden. Diese Trockenrasen auf kalkfreien mageren Böden sind seit langer Zeit als erstes mit Häusern und Stallungen bebaut worden, weil sie aus Menschensicht als wertlos erschienen sind. Hier hat sich aber zusammen mit dem Sandköpfchen eine ganz eigene Pflanzengesellschaft gebildet, die sich seit langem diesen mageren Böden und der Trokkenheit angepaßt hat. Sie ist heute extrem gefährdet.

Das Sandköpfchen hat viele landschaftlich unterschiedliche deutsche Namen, wie Bergnelke, Sandknöpfchen, Schaf-Skabiose und Berg-Sandglöckchen.

Der letzte Name deutet schon ein bißchen an, daß das Sandköpfchen zu den Glockenblumengewächsen gehört. Das kann man

aber erst erkennen, wenn man eine Einzelblüte aus dem kugelförmigen Blütenköpfchen herausnimmt.
Das Sandköpfchen ist ein- bis zweijährig. Der Stengel der Pflanze ist recht verzweigt und wächst etwa 30 cm hoch. Die kleinen Blättchen und die etwa 15 cm lange Wurzel zeigen, wie gut die Pflanze sich dem trockenen Standort angepaßt hat. An jedem Stengelende bildet sich von Juni bis August ein etwa 3 cm breites rundes Blütenköpfchen von himmelblauer Farbe, das in der mageren Umgebung recht auffällt und viele Insekten anzieht.
Das Sandköpfchen kommt in ganz Deutschland auf sandigen Heiden und kalkfreien Trockenrasen vor. Der Artname *montana* sagt schon, daß es bis zu Höhen von 1200 Meter zu finden ist.

Rosmarinheide ‣ (ANDROMEDA POLIFOLIA)

BLUME DES JAHRES 1991

In diesem Jahr soll die Rosmarinheide auf einen besonders bedrohten Lebensraum aufmerksam machen – auf das Hochmoor. Hochmoore gehören zu den Resten einer Urlandschaft, die sich bei uns nach der letzten Eiszeit entwickelt hat, Hochmoore sind ursprüngliche Natur. Hochmoore sind am Ende der Eiszeit entstanden. In vielen Senken, die die Gletscher geformt hatten, in denen unter Umständen Toteis lag – große Eisblöcke, die nicht gleich schmolzen oder in denen sich Wasser von den auftauenden Gletschern gestaut hatte, entstanden Seen, die von den Pflanzen an den Ufern langsam besiedelt wurden und nach und nach verlandeten. In diesen Seen, die zum Teil keinen Abfluß hatten, konnten die abgestorbenen Pflanzenteile nicht so schnell zersetzt werden, denn dazu braucht es Sauerstoff. Und so sammelten sich diese Substanzen Jahr für Jahr. Dadurch wuchs das Ganze langsam in die Höhe, und es bildete sich Torf, ein idealer Lebensraum für das Torfmoos *(Sphagnum)*, das sich dem Höhenwachstum anpassen kann durch ständiges Längenwachstum. Wenn die Ver-

bindung zum Grundwasser nachließ, wurden diese Gebiete nur durch das Regenwasser feucht gehalten. Das reichte aber nicht aus, die pflanzlichen Stoffe zu zersetzen. Es entstand ein Hochmoor. Das Hochmoor hat seinen Namen nicht, weil es vielleicht auf höhergelegenen Gebieten liegt, sondern weil es sich ein wenig über das Niveau der übrigen Landschaft erhoben hatte. Riesige Hochmoorgebiete gab es in Senken in Schleswig-Holstein, vor allen Dingen in Oldenburg, aber auch im Alpenvorland. Da das Regenwasser absolut nährstoffarm war, entstanden hier Landschaften mit extrem armen und darüber hinaus recht sauren Bodenbeschaffenheiten, die nach und nach eine ganz eigene Pflanzenwelt hervorriefen. Hochmoore und Hochgebirge sind ursprüngliche Natur. Alle anderen Landschaftsformen bei uns in Deutschland sind erst durch das Eingreifen des Menschen entstanden und sind Kulturlandschaft.

Als vor etwa 200 Jahren die Bevölkerung bei uns anstieg, wurden viele Hochmoore entwässert, um Torf als Heizmaterial zu gewinnen und um Ackerland zur Ernährung zu schaffen. Ich habe in meiner Kinderzeit noch gehört, daß man von den Moorkolonisten sagte: Dem Ersten Tod, dem Zweiten Not und erst dem Dritten Brot.

Inzwischen sind etwa 90 Prozent aller ehemaligen Hochmoore verschwunden und damit auch eine Pflanzen- und Insektenwelt, die sich seit der Eiszeit den besonderen ärmlichen Lebensbedingungen des Hochmoores angepaßt hatte.

Die Rosmarinheide wird auch Sumpfrosmarin, Gränke, Polei-Gränke und Lavendelheide genannt. Sie gehört zur Familie der Heidekrautgewächse, in der man auch Besenheide, Glockenheide, Blau- und Preiselbeeren und den Rhododendron findet.

Die Rosmarinheide ist ein 15 – 30 cm hohes Zwergsträuchlein mit weit kriechender Grundachse. Die wintergrünen schmalen, langgezogenen Blätter sind oberseits dunkelgrün und unterseits weißlich-grün. Häufig sind die Blätter am Rand eingerollt; das zeigt, daß sich die Pflanze gegen Verdunstung schützt. Obwohl sie oberhalb der wassergefüllten Torfmoos-Polster im feuchten Hochmoor wächst, kann sie das extrem saure, torfige Wasser nicht aufnehmen.

Zwischen Mai und Juni entfalten sich die zartrosa Blüten in mehrblütigen Trauben. Die Blütenstiele und der Kelch sind etwas kräftiger gefärbt. Die rosa Glöckchen in dem dunklen Moor haben mich schon zu Kinderzeiten in Hamburgs Umgebung begeistert, ich konnte den Heidedichter Hermann Löns gut verstehen, der »Rosmarienheide zur Maienzeit blüht, Rosmarienheide erfreut das Gemüt« geschrieben hat.

Rosmarinheide kann nur im Hochmoor wachsen. Darum findet man sie heute nur noch in den Resten der norddeutschen Hochmoore und in den Hochmooren des Alpenvorlandes. Zum Schutz von Hochmooren kann jeder beitragen, wenn er in Haus und Garten keinen Torf mehr verwendet. Es gibt inzwischen guten Ersatz wie Rindenmulch und Rindenhumus.

Die Stiftung hat inzwischen nördlich von Hamburg in Wittmoor und Ohe-Moor größere Flächen gekauft, um durch Schließung von alten Entwässerungsgräben und Entfernung von Birkenaufwuchs wenigstens Reste des alten Hochmoores zu erhalten.

Rundblättriger Sonnentau

(DROSERA ROTUNDIFOLIA)

BLUME DES JAHRES 1992

Fleischfressende Pflanzen faszinieren Menschen schon seit Jahrhunderten. Auch ich staunte, als ich mit etwa acht Jahren in Storms »Flora von Deutschland« (Ausgabe von 1905) – meinem Lieblingskinderbuch – ein Bild des Rundblättrigen Sonnentaus und eine Beschreibung entdeckte. In einem kleinen Moor am Rande Hamburgs fand ich bald den Sonnentau und versuchte mit kleinen Stöckchen und Kiefernnadeln die Drüsenhaare zu reizen. Während der Schulzeit lernte ich auch das Fettkraut und den Wasserschlauch kennen, die ja ebenfalls in Deutschland zu finden sind. Am meisten verwunderte mich damals, daß Pflanzen verschiedener Familien ähnliche »Tricks« anwandten, um auf ihren mageren Standorten zusätzliche Nahrung zu erlangen.

Auf Forschungsreisen in den letzten zwanzig Jahren sah ich in anderen Erdteilen viele fleischfressende Pflanzen. Am meisten beeindruckten mich die üppigen Kannenpflanzen *(Nepenthes)* am Mount Kinabalu auf Borneo und in Neu-Kaledonien und der zarte Wasserschlauch (*Utricularia*) in den sandigen Lagunen Bahias in

Brasilien. Da in Deutschland heute alle fleischfressenden Pflanzen – und ihr Lebensraum – gefährdet sind, folglich unter Naturschutz stehen, hat die »Stiftung Naturschutz Hamburg und die Stiftung zum Schutze gefährdeter Pflanzen« den Rundblättrigen Sonnentau zur »Blume des Jahres 1992« ernannt und so der besonderen Aufmerksamkeit und Obhut aller Naturliebhaber anempfohlen.

Die Stiftung wählte diese interessante Pflanze stellvertretend auch für einige andere seltene Pflanzen, die in dem besonders gefährdeten Lebensraum, dem nährstoffarmen Hochmoor, wächst. Schon mit der »Blume des Jahres 1991«, der Rosmarinheide, wollten wir auf das Hochmoor aufmerksam machen, der einzigen Urlandschaft außer dem Hochgebirge, das nicht einen durch Menschen geschaffenen Lebensraum für Pflanzen und Tiere bietet.

In einem Kräuterbüchlein aus dem Jahre 1737 wird der Sonnentau so beschrieben: »Die Pflanze ist Sonnentau genannt, sintemalen das Kräutlein auch bei dem Sonnenschein und zu jeder Zeit mit schönen hellen Wassertröpflein gefunden wird, als wenn es darauf getauet hätte.« Das, was in der alten Darstellung »Wassertröpflein« genannt wird, sind glitzernde Tropfen, die am Ende von rötlichen Drüsenhaaren sitzen, die Tentakeln heißen. Diese Tentakeln bedecken die ganze runde Blattfläche und sind am Blattrand besonders lang. Wenn sich ein Insekt auf das Blatt setzt, klebt es

an den Drüsenhaaren fest. Versucht es sich durch Strampeln zu befreien, reizt es auch die entfernter stehenden Tentakeln. Sie krümmen sich und umschließen endlich das Tier. So können Fliegen, kleine Käfer, aber auch Schmetterlinge und Libellen gefangen werden.

Der auslösende Reiz zur Bewegung der Tentakeln ist gewiß chemischer Art. Ich habe schon als Kind immer wieder mit Steinchen oder Stöckchen vergeblich versucht, die Tentakeln zum Krümmen zu bewegen, aber der mechanische Reiz ist wirkungslos. Durch den Reiz bei der Berührung eines Insektes wird in den Drüsen ein Verdauungssaft produziert, der unserem Magensaft ähnlich ist und die weichen Teile des Insektes löst, so daß sie von den Tentakeln aufgenommen werden können. Später öffnet sich das Blatt wieder, und der Wind weht die unverdaulichen Reste davon.

Durch die Insektennahrung versorgt sich die Pflanze mit Stickstoffverbindungen, die es in dem sauren Hochmoor kaum gibt. Der Sonnentau kann zwar auch ohne diese Zusatznahrung überleben, aber er wird mit dem tierischen Eiweiß kräftiger und bildet auch mehr Samen.

Der Rundblättrige Sonnentau gehört zu den Sonnentaugewächsen *(Droseraceae)*. Er kommt fast nur auf den Polstern des Torfmooses *(Sphagnum)* vor, das ja hauptsächlich für die Bildung des Hochmoores verantwortlich ist. Um sich dem Wachstum des Mooses

anzupassen, entwickelt er lange Ausläufer in die Höhe, damit im Frühjahr aus seinen Überwinterungsknospen die neuen Blattrosetten wieder auf der Oberfläche des Mooses zu stehen kommen. Die Blätter sind etwa daumennagelgroß. Aus der Mitte der Rosette wächst im Juli/August ein 20 cm langer Blütenstand, der anfangs schneckenförmig aufgerollt ist. An ihm sitzen kleine weiße Blütchen. Die Samen sind klein und leicht und können schwimmen.

Früher wurde der getrocknete Sonnentau als Heilpflanze gegen Bronchitis und Keuchhusten genutzt. Heute steht er unter Natur-

schutz. Er wird aber nur überleben können, wenn sein Lebensraum, das Hochmoor, erhalten bleibt und wenn die wenigen Hochmoore, die es bei uns noch gibt, nicht mehr durch Abtorfen oder Entwässern zerstört werden.
In dem langgestreckten Wittmoor, nördlich von Hamburg, wurde bis vor einigen Jahrzehnten durch Gefangene Torf abgegraben. Der Damm der alten Torfbahn, der quer durch das Moor läuft, ist noch heute zu erkennen. Der kleinere südliche Teil liegt auf Hamburger Staatsgebiet und steht unter Naturschutz. Den nördlichen Teil, in dem es Hochmoorreste gibt, hat inzwischen die Stiftung gekauft. Durch Verschließen der alten Entwässerungsgräben sind manche Teile des Moores wieder vernäßt, so daß der Birkenaufwuchs verschwindet und einige Hochmoorpflanzen dort überleben können.
Außer dem Rundblättrigen Sonnentau kommen in Deutschland zwei weitere Arten vor: Der Mittlere Sonnentau *(Drosera intermedia)* und der Langblättrige Sonnentau *(Drosera anglica),* letzterer besonders im Alpenvorland.

Schachblume ▸ (FRITILLARIA MELEAGRIS)

BLUME DES JAHRES 1993

In diesem Jahr hat die Stiftung die besonders schöne und sehr seltene Schachblume zur Blume des Jahres gewählt. Dieses ansehnliche Liliengewächs, das auch Schachbrettblume oder Kiebitzei genannt wird, bringt aus einer recht kleinen Zwiebel einen schlanken, bis 30 cm hohen Stengel hervor, an dem wenige, schmale, blaugrüne Blätter wachsen. An der Spitze des Stengels sitzt eine große, glockenförmige, hängende Blüte. Das Besondere an den sechs großen Blütenblättern ist die purpurbraun und weiß karierte, schachbrettartige Musterung. Gelegentlich gibt es auch zwei Blüten an einem Stengel. Und manchmal sind die Blüten weiß. Aber auch dann ist eine weiße und grünlich-weiße Zeichnung zu erkennen.

Die Schachblume blüht Ende April, Anfang Mai auf feuchten, sumpfigen Wiesen, die gelegentlich überschwemmt werden. Dort, wo die Schachblume vorkommt, kann es große Bestände geben.

Die Schachblume ist leicht giftig.

Die Schachblume wird von Bienen und Hummeln bestäubt. Wenn

der Samen reif ist, richtet sich der Stengel mit dem Fruchtstand auf. Aus der Samenkapsel fallen die leichten Samen, die von einer Flughaut umgeben sind, aber wohl nicht durch den Wind, sondern durch fließendes Wasser verbreitet werden.

Die seltene und schon lange geschützte Schachblume soll als Blume des Jahres auf ihren höchst gefährdeten Lebensraum aufmerksam machen: die ein- oder zweischürigen Wiesen, das heißt Wiesen, die ein- oder zweimal im Jahr gemäht werden, und sehr artenreich sind. Diese Wiesen sind alte Kulturlandschaften, die wahrscheinlich schon im frühen Mittelalter entstanden sind. Als damals die Bevölkerungsdichte zunahm, benötigte man zusätzlich auch die recht nassen Wiesen zur Heugewinnung für das Vieh. Infolge der Mahd konnten die Flächen nicht verbuschen und durch gelegentliche Überschwemmungen wurden sie leicht gedüngt. Eine Vielzahl von Pflanzen, von Insekten und vor allem Vögeln, wie Kiebitz, großer Brachvogel und Uferschnepfe, fanden auf diesen feuchten Wiesen einen passenden Lebensraum.

Leider hat sich in den vergangenen Jahrzehnten die Bewirtschaftung dieser Wiesen dramatisch verändert. Sie wurden entwässert, dadurch erwärmt sich der Boden schneller. Die Bauern mähen früher, dadurch werden Gelege oder Jungtiere der Bodenbrüter vernichtet. Seit außerdem mit Gülle gedüngt wird, wächst das Gras dichter und höher. Viele der bunten Wiesenblumen, die an die alte, traditionelle Bewirtschaftung angepaßt waren, haben dem Konkurrenzdruck nicht standhalten können, sie sind verschwunden. Es entstanden grüne Einheitswiesen, die zur Löwenzahnblütezeit hübsch anzusehen, aber sehr artenarm geworden sind.

Wo aber die Bewirtschaftung nasser Wiesen aufgegeben wird, weil sie nicht mehr rentabel sind, dort sind die Folgen genauso traurig. Die Wiesen verbuschen. Lichtbedürftige Pflanzen wie die Schachblume oder auch bestimmte Orchideen verschwinden und mit ihnen die Bodenbrüter.

Beide Entwicklungen – auf der einen Seite die intensive Nutzung, auf der anderen Seite die Brache – bedeuten das Ende der artenreichen Feuchtwiesen, dieser alten Kulturlandschaft unserer Vorväter.

Aber es gibt sie noch, die bunten, mit Schachblumen übersäten Wiesen. An der Mündung der Seeve in die Elbe, nicht weit von Hamburg stromaufwärts, blühen auf den feuchten Wiesen jedes Jahr Tausende dieser wunderschönen Pflanzen in Purpur und Weiß, vielleicht der größte Bestand, den wir in Deutschland haben. Die Stiftung hat vor Jahren mitgeholfen, daß diese Wiesenflächen vom Lande Niedersachsen unter Schutz gestellt und sinnvoll gepflegt werden. Die Stiftung hat auch einige Flächen in Randgebieten von Hamburg und in Mecklenburg-Vorpommern gekauft, die von aufgeschlossenen Landwirten nach Absprache gepflegt werden. Ich hörte auch von großen Beständen im Spessart und in Westfalen, die ich aber leider nie besucht habe.

Die Schachblume wurde wahrscheinlich erst in der Mitte des 16. Jahrhunderts als Gartenpflanze in Deutschland eingeführt und verwilderte dann auf feuchten Wiesen. Um diese schöne Pflanze zu erhalten, müssen heute Landwirtschaft und Naturschutz eng zusammenarbeiten. Der Botanische Garten Hamburg hat im Rahmen des Internationalen Gärtnertausches vor Jahren viele Zwiebeln in den Partnergarten St. Petersburg gebracht, damit auch dort eine Schachblumenwiese entsteht.

Die Schachblumen stehen unter Schutz und dürfen nicht aus der Natur entnommen werden. Sie lassen sich aber gut kultivieren und sind heute im Gartenfachhandel erhältlich.

Breitblättriges Knabenkraut

(DACTYLORHIZA MAJALIS)

BLUME DES JAHRES 1994

Das Breitblättrige Knabenkraut soll genau wie die Schachblume, die Blume des Jahres 1993, auf die so selten gewordenen feuchten Wiesen hinweisen, die ein- oder zweimal gemäht oder extensiv beweidet werden. Durch Überdüngung, Entwässerung oder durch Umbruch sind viele dieser Wiesen zerstört worden.

Mit dem Breitblättrigen Knabenkraut wählen wir unter den etwa 60 verschiedenen Orchideenarten, die wir in Deutschland haben, zum zweiten Mal eine Blume des Jahres (1982 war das Rote Waldvögelein, *Cephalanthera rubra,* die Blume des Jahres).

Bei dem Begriff Orchidee denken viele Menschen an die herrlichen, farbenfrohen, großen Blüten, die aus den Tropen kommen und die man in Blumenläden oder Gewächshäusern bestaunen kann. Aber die Orchideen sind mit etwa 30 000 Arten weitverbreitet und die artenreichste Pflanzenfamilie der Erde. Ich fand zum Beispiel kleine grünlich blühende Orchideen am Rande des Flugplatzes Keflavik auf Island, aber andere Orchideen auch im süd-

lichen Patagonien in Argentinien. In allen Erdteilen, außer in der Antarktis, sind sie zu entdecken. Unser schöner deutscher Frauenschuh hat nahe Verwandte in Kanada und zugleich auch in Asien. In Europa gibt es etwa 200 verschiedene Orchideen, die alle, wie unsere deutschen Orchideen, auf der Erde wachsen. In den Tropen finden wir viele Orchideen in den Baumkronen. Weil sie im dunklen Regenwald nicht genug Licht bekommen, sind sie als Epiphyten, als Aufsitzer und nicht als Schmarotzer, in die Wipfel gewandert, um im Licht zu wachsen. Sie leben dort von Regen und Tau und filtern sich aus der Luft ihre Nährstoffe. Bei uns in Deutschland sind alle Orchideen seit langem geschützt. Sie sind weder in Form noch in Farbe so prächtig wie ihre tropischen Verwandten. Wer aber das Glück hat, bei uns auf unsere seltenen Orchideen zu treffen, sollte einmal durch eine Lupe die Einzelblüte betrachten. Zwar besteht jede Blüte aus sechs Blütenblättern, aber die Fülle von verschiedenen Formen und Farbnuancen ist erstaunlich.

Die Blume des Jahres 1994, das Breitblättrige Knabenkraut, wird auch Breitblättriger Fingerwurz genannt. Der deutsche Name Fingerwurz ist die Übersetzung des lateinischen Namens *Dactylorhiza* und deutet auf die fingerförmig gespaltene Knolle hin. Der Artname *majalis* sagt uns, daß die Pflanze im Mai zu blühen beginnt. Die Blütezeit kann sich bis Juli hinziehen. Im Volksglauben wurden früher den seltsam geformten Knollen mystische Kräfte nachgesagt.

Die vorjährige dunklere Knolle galt als Satansfinger oder Teufelshand. Die hellere diesjährige Knolle wurde Marien- oder Johannishand genannt und sollte am Johannistag durch Bestreichen oder Einnähen in Kleidung Krankheiten heilen.
Die breiten Blätter, auf die im deutschen Namen hingewiesen wird, sind auf der Oberseite purpur gefleckt. Die kräftige Pflanze wird bis zu 50 cm hoch und hat einen stämmigen kantigen Stengel, der zur Blüte hin violett gefärbt sein kann. Die vielen Einzelblüten stehen am Ende des Blütenstandes dicht beieinander und sind rosarot bis purpurrot gemustert. Eine einzige Pflanze des Breitblättrigen Knabenkrautes kann – wie auch alle anderen Orchideen – nach der Befruchtung mehrere Millionen Samen entwickeln. Eigentlich müßten Orchideen wegen dieser Samenfülle viel weiter verbreitet sein. Die staubfeinen Samen der Orchideen bestehen aber nur aus der Erbanlage, aus der DNS. Es ist keinerlei Ernährung für den kleinen Keim vorhanden wie bei fast allen anderen Pflanzen – Ernährung, die wir Menschen uns auch schmecken lassen, z.B. als Getreidekörner, Erbsen, Linsen, Bohnen, Kokosnuß etc. Die Ernährung des kleinen Orchideenkeims muß also eine »Amme« übernehmen, das ist ein bestimmter Bodenpilz, sonst kann das Pflänzchen nicht wachsen. Wird das Pilzgeflecht durch Veränderung des Lebensraumes zerstört, bei dem Breitblättrigen Knabenkraut z.B. durch Entwässerung und Düngung der Feuchtwiesen, kann keine Orchidee

keimen und wachsen. Werden aber die Feuchtwiesen erhalten oder sogar wieder renaturiert, hilft es nicht nur dem Breitblättrigen Knabenkraut, sondern auch der vielfältigen Begleitflora, außerdem allen Wiesenbrütern und dem Weißstorch, der in solchen Wiesen den Hauptteil seiner Nahrung findet.

Wie schnell sich das Breitblättrige Knabenkraut wieder ausbreiten kann, wenn die Lebensbedingungen geeignet sind, zeigte sich vor einigen Jahren in der Nähe von Kiel. Am Rande einer Kleingartenkolonie wurden auf einer Fläche Gartenabfälle, aber auch viel Sperrmüll abgelegt. Botanisch interessierte Anwohner entdeckten zwischen dem Müll einige blühende Pflanzen des Breitblättrigen Knabenkrautes. Mit Freunden wurden unter großen Mühen die Müllberge beseitigt, die Fläche wurde jährlich einmal gemäht und nach einigen Jahren war eine reichblühende Orchideenwiese entstanden, die jetzt unter Schutz steht.

Auch unsere Stiftung kümmerte sich schon vor Jahren um den Ankauf oder die Anpachtung von Orchideenwiesen, die sinnvoll gepflegt werden. In den neunziger Jahren kauften wir Flächen mit Breitblättrigem Knabenkraut im Kreis Teterow in Mecklenburg und im Kreis Ueckermünde in Vorpommern, die dort nach Absprache mit der Stiftung von kleinen Naturschutzgruppen betreut werden.

Trollblume ▸ (TROLLIUS EUROPAEUS)

BLUME DES JAHRES 1995

Mit der Trollblume sollte in diesem Jahr noch einmal die stark gefährdete und selten gewordene Kulturlandschaft Feuchtwiese mit ihrer reichen Pflanzengesellschaft und den vielen Wiesenvögeln ins Blickfeld gerückt werden.
Es gibt nämlich verschiedene Typen dieser farbigen Wiesen in unterschiedlichen Landschaften. Auf den Schachblumenwiesen der norddeutschen Flußniederungswiesen gibt es keine Trollblumen. Auch auf den mageren Feuchtwiesen, auf denen sich das Breitblättrige Knabenkraut wohl fühlt, ist kaum eine Trollblume zu finden. Liegt aber eine Feuchtwiese an einem Hang und wird ständig von mineralhaltigem oder kalkhaltigem Grundwasser bewässert, so entsteht ein Lebensraum für eine blumenreiche Pflanzengesellschaft, und hier wachsen die Trollblumen. Solche Lebensräume sind zwar rar, doch man findet sie verstreut in Deutschland. In der Norddeutschen Tiefebene kommen Trollblumenwiesen kaum vor, aber im Hochsauerland, im Hochwesterwald und besonders im Alpenvorland gibt es sie.

In einem alten Buch »Naturgeschichte des Pflanzenreiches« von 1887 wird die Trollblume folgendermaßen beschrieben: »Die europäische Trollblume oder Kugelranunkel blüht im Mai und Juni auf feuchten Wiesen und zeichnet sich durch ihre schwefelgelben Blüten aus, welche kugelförmig gebaut sind und aus 15 äußeren Blättchen (Kelchblättern) und aus 9 – 12 kleineren, verborgenen, inneren (Blütenblättern) und einer großen Zahl von Staubgefäßen bestehen.« Dies ist alles zutreffend. Die ausdauernde Staude wird 10 – 15 cm hoch. Die goldgelbe Blüte sitzt am Ende des aufrechten Stengels und ist bis zu 3 cm groß. Gelegentlich gibt es auch Pflanzen mit zwei bis drei Blüten.

In der alten Beschreibung konnten wir schon viel über die Blütenform erfahren. Man kann sich gut vorstellen, daß die kugelig zusammengeschlossenen leuchtenden Blütenbälle Insekten stark anziehen. Vor allem schützen die geneigten Blütenblätter die zahlreichen Staub- und Fruchtblätter vor Regen. Nektar suchende Insekten wie Bienen, Hummeln, Fliegen und kleine Käfer müssen sich von oben in den Blütenkopf zwängen und bestäuben sie dabei. Schwedische Wissenschaftler fanden kürzlich heraus, daß drei kleine Blumenfliegen die Trollblume als Brutstätte benutzen. Die Fliegen zwängen sich durch die obere Öffnung, paaren sich, und die Weibchen legen die Eier an den Fruchtblättern ab. Sind aber schon Eier von der Konkurrenz vorhanden, fliegen sie zur nächsten

Blüte und übertragen so den Blütenstaub. Die kleinen Larven der Fliegen nagen sich in die Fruchtblätter und ernähren sich dort von den Samen. Der Trollblume nützen die Fliegen, um die Bestäubung zu sichern. Aber wenn sich mehr als sechs Fliegenlarven von den Blütensamen ernähren, leidet die Trollblume.

Die handförmig geteilten Blätter der Trollblume sind oberseits dunkelgrün, unterseits etwas heller. Die Trollblume ist ein Hahnenfußgewächs und hat zahlreiche Volksnamen wie Butterblume, Eierblom, Goldknopf oder Butterrose, die sich alle auf die Blütenform oder -farbe beziehen. Der Artname *europaeus* deutet auf das europäische Verbreitungsgebiet hin. Trollblumen findet man von den Pyrenäen und Appeninen bis nach Skandinavien. In Deutschland ist die Trollblume überall zurückgegangen. Die meisten Bestände sind durch Entwässerung oder durch Überdüngung vernichtet worden.

Alle Teile der Pflanze sind giftig. Selbst das Weidevieh vermeidet die Trollblume.

Schon 1979 erwarb unsere Stiftung ein rund 8000 qm großes Grundstück im jetzigen Naturschutzgebiet Emmerzhausen im Westerwald als Trollblumenwiese. Das Gelände besteht aus Feucht- und Naßwiesen, die von einem kleinen Wiesenbach durchflossen werden und von einzelnen Gebüschgruppen durchsetzt sind. Hier blühen im Frühjahr Massen von Trollblumen zusammen mit Wiesenknöterich. Es ist wahrscheinlich einer der größten Trollblumenbestände in Rheinland-Pfalz. Die Flächen werden extensiv von Rindern beweidet. Es scheint so, als ob die Trollblumen in den großen Trittsiegeln der Rinder besonders gut keimen.

Die Trollblume ist auch eine beliebte Gartenpflanze. Sie wurde früher leider oft am natürlichen Standort ausgegraben. Das Ausgraben, aber auch das Pflücken, schadet einem Trollblumenbestand und ist inzwischen verboten. Gärtnereien bieten seit längerem Trollblumen an. Häufig sind es Zuchtformen, die durch Kreuzung mit anderen, z.B. amerikanischen Trollblumen entstanden sind und in unerschiedlichen Gelbtönen blühen.

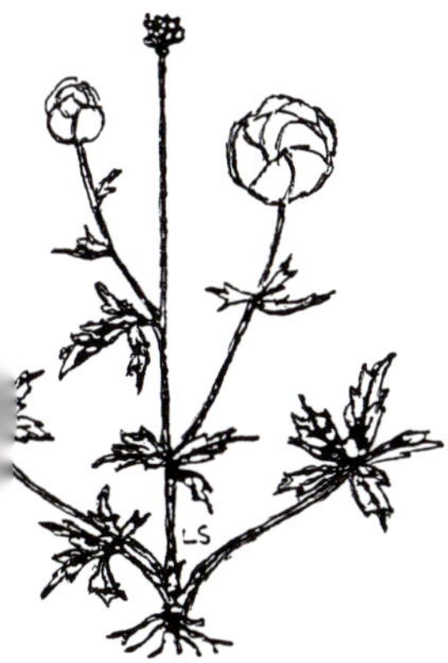

Echte Kuhschelle ‣ (PULSATILLA VULGARIS)

BLUME DES JAHRES 1996

Die Stiftung hat die Echte Kuhschelle zur Blume des Jahres gewählt, um durch sie wieder auf einen gefährdeten Lebensraum aufmerksam zu machen. Die schöne Kuhschelle kommt nur auf warmen, trockenen, extensiv bewirtschafteten Magerwiesen und -weiden vor – ein Biotoptyp, der in unserer Landschaft selten geworden ist; denn nur wenn diese Flächen nicht gedüngt und wenn sie nur extensiv beweidet oder gemäht werden, können die Kuhschelle, und mit ihr andere bedrohte Gewächse dieser Pflanzengesellschaft, und viele Insekten überleben. Unterbleibt die Mahd oder die vorsichtige Beweidung durch Rinder oder Schafe, verbuscht die Fläche oder wuchskräftige Gräser unterdrücken die gefährdeten Trockenrasenpflanzen.

Der Name Kuhschelle, auch Steppenkuhschelle oder gewöhnliche Küchenschelle, bezieht sich auf die Form der Blüte, bei der sechs zipfelförmige Blütenblätter eine violette Glocke oder Schelle bilden, die an eine Kuhglocke erinnert. Die Blüten der Echten Küchenschelle stehen aufrecht, im Gegensatz zu anderen Pulsa-

tilla-Arten, wie der Wiesen-Kuhschelle, die nickende Blüten besitzt.
Die zu den Hahnenfußgewächsen gehörende Staude kann 5 bis 50 cm hoch werden und blüht von April bis Mai. Aus den vielfach gespaltenen Grundblättern erhebt sich der Stiel, der über drei ebenfalls stark gefiederten Hochblättern eine einzige große Blüte trägt. Der Stiel, die Hochblätter und die Außenseiten der Kelchblätter sind mit langen, feinen, silbrigen Haaren als Schutz gegen Verdunstung besetzt.
Nach der Bestäubung durch Insekten entsteht ein silbriger puscheliger Samenstand, der für mich fast genauso attraktiv ist wie die Blüte. Der Samenstand besteht aus vielen kleinen Früchtchen, von denen jedes mit einem langen Federschweif versehen ist. Dieser Schweif dient nicht nur zur Verbreitung durch den Wind, der die Samen bis zu 80 Meter weit fliegen lassen kann. Trifft ein Samenkorn auf offenen Boden, so hilft der Schweif auch durch drehende Bewegung, daß sich der Samen mit der Spitze in die Erde bohren kann.
Nicht nur die Behaarung ist ein guter Verdunstungsschutz, auch die Wurzeln helfen mit, an dem trockenen Standort längere Trockenperioden zu überstehen. Das Wurzelsystem kann bis zu einer Tiefe von 1,5 Meter reichen und alle Wasserreserven nutzen.Die ganze Pflanze ist giftig. Ihre Inhaltsstoffe *(Anemonin)* können zu Kreis-

lauf- und Atemlähmung führen. Medizinisch verwendet werden sie in Tees gegen hormonelle Störungen bei Frauen und gegen Erkältungskrankheiten sowie in der Homöopathie.

Die Echte Kuhschelle kommt zerstreut in Mitteleuropa vor. Ihre nördliche Verbreitungsgrenze liegt in England und Südskandinavien. Östlich ist sie noch in der Ukraine zu finden, im Westen bis Nordfrankreich. Die Südgrenze liegt in der Nordschweiz. Sie liebt sandigen, kalkhaltigen Boden und hat daher in Deutschland ihr Hauptverbreitungsgebiet auf den Kalkgesteinen der Mittelgebirge. In der Norddeutschen Tiefebene ist sie sehr selten und dort nur auf mergelhaltigen Böden der Endmoränen aus der Eiszeit zu finden.

Gefährdet ist die Kuhschelle, die auf trockene Magerrasen und auf Licht angewiesen ist, auf der einen Seite durch Überdüngung, auf der anderen Seite durch Aufgabe der alten Nutzung der extensiven Beweidung oder der Mahd.

Besonders in Norddeutschland ist die Kuhschelle stark zurückgegangen. In den neuen norddeutschen Bundesländern sind die Bestände zusätzlich bedroht durch Kies- und Sandabbau an ihren Standorten.

Die Stiftung hat schon vor Jahren Kalkmagerrasen in der Eifel in Nordrhein-Westfalen gekauft, auf denen die Echte Küchenschelle neben vielen Orchideen und Enzianen als Charakterart vertreten ist. Diese Flächen werden von der Universität Bonn

betreut und wissenschaftlich untersucht. Auch auf dem Stiftungsgrundstück Königstein in der Frankenalp (Bayern), das wir Ende der siebziger Jahre kauften und das liebevoll vom Gartenbauverein Königstein betreut wird, ist die Echte Küchenschelle zu finden. In den neunziger Jahren konnte die Stiftung im Drawehn (Niedersachsen) eine Sandbrache erwerben, auf der noch Restbestände der Küchenschelle vorhanden waren und die nun durch Pflege und Aussaat vermehrt werden. Außerdem unterstützt die Stiftung in Westbrandenburg die Hilfsarbeiten auf dem berühmten Weinberg bei Perleberg in der Prignitz. Dieser aus Kiesen und Gletschersanden gebildete Höhenzug von ungewöhnlicher Ausdehnung ist der einzige gemeinsame Standort der Echten Kuhschelle *(Pulsatilla vulgaris)* aus Westeuropa und der Wiesen-Kuhschelle *(Pulsatilla pratense)*, die aus den östlichen europäischen Steppen kommt.
Die Küchenschelle ist auch eine beliebte Gartenpflanze, besonders für Steingärten. Früher wurde sie leider oft am natürlichen Standort ausgegraben. Aber Ausgraben und auch das Abpflücken sind inzwischen durch Bundesartenschutzverordnungen verboten. Inzwischen gibt es aber in vielen Staudengärtnereien Wildformen oder züchterisch veränderte Sorten mit größeren Blüten oder anderen Farben.

Silberdistel ▸ (CARLINA ACAULIS)

BLUME DES JAHRES 1997

Zur Blume des Jahres 1997 hat unsere Stiftung die Silberdistel gewählt. Sie soll – wie alle ihre Vorgängerinnen seit 1980 – stellvertretend für einen bedrohten Lebensraum stehen, in diesem Jahr für den mageren, kalkhaltigen Trockenrasen. Bei der Bedrohung, gelegentlich sogar Zerstörung dieses speziellen Standortes spielt die veränderte Nutzung der Flächen eine große Rolle. Die frühere Schafbeweidung ist weitgehend aufgegeben. Die Trockenrasen wurden zu gedüngten Wiesen oder sie sind verbuscht. Durch den Lichtmangel, der durch üppiges Gras oder durch Büsche entsteht, wird der Bestand der Silberdistel, der Kuhschelle oder anderer Gewächse des mageren Trockenrasens zurückgedrängt.

Die Silberdistel, die auch Wetterdistel oder Eberwurz genannt wird, gehört zur Familie der Korbblütler. Der aus vielen Einzelblütchen zusammengesetzte Blütenstand (Blütenkörbchen) wird von einem Kranz silberfarbener Hüllblätter umgeben, dem die Pflanze ihren Namen verdankt. Die Blütenköpfchen können bis zu 13 cm Durch-

 BLUME DES JAHRES 1997

messer haben, aber sie besitzen einen nur sehr kurzen Stiel. Der lateinische Artname *acaulis* = stengellos sagt es. In der Natur liegt die Pflanze fast immer mit flach ausgebreiteten Blättern auf dem Boden und bildet einen grünen, stacheligen dekorativen Stern. Die Silberdistel blüht von Juli bis September, in milden Wintern sogar noch im Dezember.

Ihren häufig benutzten Namen »Wetterdistel« bekam die Pflanze wegen ihrer Eigenschaft, bei feuchter Witterung oder Regen die

Hüllblätter über den Blütenkopf zu neigen und dadurch die Blüten zu schützen. Das Krümmen der Hüllblätter hängt vom Grad der Luftfeuchtigkeit ab. Man kann die Pflanze also als Feuchtigkeitsmesser (Hygrometer) ansehen. Bei Sonnenschein und klarem, trockenem Wetter breiten sich die silbrigen Hüllblätter wieder aus.

Der Name »Eberwurz«, in manchen Gegenden auch »Saudistel«, soll darauf zurückzuführen sein, daß die Wurzel der Silberdistel gern von Schweinen aus dem Boden gewühlt und gefressen wird. An Schweine und andere Tiere wurden die Wurzeln sogar als Heil- und Stärkungsmittel verfüttert.

Der etwas fleischige Blütenboden ist wie bei der verwandten Artischocke eßbar. Er schmeckt nach Nüssen und wird in manchen Gegenden noch heute als »Jägerbrot« oder »Wiesenkas« gegessen. Die Wurzeln wurden früher innerlich als Brechmittel, äußerlich als Desinfektionsmittel benutzt. Sie spielen heute in der Pharmazie keine Rolle mehr.

Das Hauptverbreitungsgebiet der Silberdistel in Deutschland liegt in den Alpen und in kalkreichen Mittelgebirgen. Hier steht sie häufig in Gesellschaft mit der Kuhschelle, der Blume des vorigen Jahres. Der Vorharz ist ihre nördliche Grenze. Auf dem Grundstück der Stiftung in Königstein in der Oberpfalz kann man die Silberdistel auf einigen vom Gartenbauverein gepflegten Wiesen des botanischen Lehrpfades entdecken.

Die stacheligen Blattrosetten werden vom Weidevieh nicht gefressen. Da sie aber die Gräser verdrängen, wurden sie früher von den Landwirten ausgestochen mitsamt der tiefen Pfahlwurzel.

Heute ist die Silberdistel zusätzlich bedroht durch den starken Nährstoffeintrag aus der Luft über Wind und Regen, der ihren armen Standort verändert, und durch nährstoffliebende Pflanzen, die die Silberdistel überwachsen. Auch das Brachlegen der nährstoffarmen Wiesen schadet der Pflanze, weil sie die Beschattung durch aufkommende Büsche nicht verträgt; nicht zuletzt gefährdet auch der Wintersport den Bodenbewuchs und damit die Silberdistel.

In mehreren Bundesländern steht die Silberdistel auf den Roten Listen der gefährdeten Pflanzen. In Niedersachsen gilt sie als »vom Aussterben bedroht«. Schon in den zwanziger Jahren des vorigen Jahrhunderts wurde sie unter Schutz gestellt. So ist es auch verboten, die dekorative Pflanze für einen Trockenstrauß abzupflücken. Es gibt aber schon lange eine Gartenform *Carlina acaulis simplex*, die man in Staudengärtnereien kaufen kann. Da diese Form bis 50 cm hoch wird, eignet sie sich für den Garten und für schöne Trockensträuße.

Krebsschere ▸ (STRATIOTES ALOIDES)

BLUME DES JAHRES 1998

Mit der Krebsschere will die Stiftung in diesem Jahr auf einen Lebensraum aufmerksam machen, den sie in den vielen Jahren der Vorstellung einer Blume des Jahres wenig bedacht hat, der aber auch stark gefährdet ist: die Flachwasserzonen in Altarmen von Flüssen, in Entwässerungsgräben, in Tümpeln und in flachen Teichen.

Die Krebsschere heißt auch Wasseraloe. Der wissenschaftliche Name ist *Stratiotes aloides,* das bedeutet etwa der »Aloe-ähnliche Schwertträger«. Das sind seltsame Namen für eine allerdings auch seltsame Pflanze. Bei Aloe denkt man an ein afrikanisches Dickblattgewächs, das in der Heilkunde und Kosmetik eine Rolle spielt und das als »Brandbaum« früher häufig als Zimmerpflanze gehalten wurde. Aber damit ist der Wasseraloe keineswegs verwandt. Allerdings haben seine fleischigen, scharfgezackten Blätter eine gewisse Ähnlichkeit mit dem Aloe, und ein bißchen erinnern die steifen Blätter auch an Schwerter.

Der Name Krebsschere wird erst erklärlich und sichtbar, wenn die

Pflanze blühen will. Aus zwei Hochblättern, die wie eine Krebsschere geformt sind, streckt sich die weiße dreiblättrige Blüte.
Die Krebsschere gehört zu den Froschbißgewächsen *(Hydrocharitaceae)*, sie ist eine ausdauernde Pflanze, die halb untergetaucht im Wasser schwimmt. Sie bildet eine dichte Rosette, die fast an tropische Ananasgewächse erinnert. Die einzelnen Blätter mit stachelig gesägtem Rand können bis zu 40 cm lang werden. Die langen unverzweigten, weißlichen Wurzeln hängen bei genügender Wassertiefe frei im Wasser. Nur im Flachwasser sind sie gelegentlich auf dem Grund verankert. In den Blattachsen bilden sich im Laufe des Jahres Brutknospen, die zu langen Ausläufern wachsen, an deren Ende sich eine kleine neue Blattrosette bildet.
Im Herbst, bei fallender Wassertemperatur, sinkt die Krebsschere zum Überwintern auf den Grund des Gewässers, dort lösen sich während des Winters auch die kleinen Tochterpflänzchen ab. Im Frühjahr, wenn sich das Wasser erwärmt, steigen alle Krebsscherenrosetten wieder empor.
Im Mai erscheinen die weißen, schalenförmigen Blüten mit drei großen Blütenblättern. In deren Mitte entdeckt man entweder goldgelbe Staubgefäße oder einen grünlichen Fruchtknoten; denn die Krebsschere ist zweihäusig. Das heißt, es gibt Pflanzen mit entweder nur männlichen oder nur mit weiblichen Blüten. Wegen ihrer vorwiegend vegetativen Vermehrung durch »Kindel«, die Ableger-

rosetten, kommen meist auf weiten Strecken nur rein männliche oder rein weibliche Pflanzen vor. Darum gibt es auch selten eine Blütenstaubübertragung durch Insekten. Allerdings bilden die weiblichen Pflanzen im Herbst Fruchtkapseln, aber ohne männliche Pollen sind die Samen taub.

Die Krebsschere wächst in stehenden oder langsam fließenden Gewässern. Sie ist hauptsächlich in Norddeutschland an den Unterläufen der großen Flüsse Weser, Elbe und Oder im nährstoffreichen und kalkarmen Wasser zu finden, besonders in Altarmen, das heißt ehemaligen Nebenarmen, die nur noch wenig Verbindung zum Strom haben. In unserer Kulturlandschaft mit begradigten Flüssen sind die breiten Gräben der Flußmarschen zum wichtigsten Lebensraum der Krebsschere geworden. Wo sie sich wohl fühlt, kann sie sich zu fast wiesenartigen Beständen ausbreiten, weil sie sich vegetativ, das heißt durch Ableger, üppig vermehrt.

Ihre Verbreitung reicht von Mittel- über Osteuropa bis etwa zum Altai-Gebirge in Asien. Im Westen Europas fehlte sie wohl ursprünglich, wurde aber verschiedentlich eingebürgert, weil die Krebsschere als Schweinefutter genutzt wurde, aber auch weil die Pflanze in Teichen und Gräben die gewünschte Verlandung beschleunigte. Außer in Norddeutschland gibt es kleine Vorkommen am Main und an der Donau.

Durch Wasserverschmutzung und durch zu rigorose maschinelle

Reinigung der Be- und Entwässerungsgräben ist die Krebsschere in ihrem Bestand gefährdet, wie auch andere Gewächse der Flachwasserzone, die man Schwimmblattgesellschaft nennt. Gefährdet ist sie auch wegen ihrer fast ausschließlich vegetativen Fortpflanzung. In früheren Zeiten konnten bei Hochwasser die kleinen Tochterrosetten schnell neue Lebensräume besiedeln. Das ist aber nach Eindeichung der Flußtäler und nach der Trockenlegung vieler feuchter Marschen fast unmöglich geworden. Nur noch bei Naturkatastrophen wie Deichbrüchen oder großen Überschwemmungen kann sich die Krebsschere neue Lebensräume erschließen.

Wenn aber die Krebsschere verschwindet, sterben auch zwei Insekten aus, die vollständig auf die Pflanze angewiesen sind. Das eine ist eine seltene Libellenart, die Grüne Mosaikjungfer *(Aeshna viridis)*, die ihre Eier nur in die Blattrosetten der Krebsschere legt. Die Männchen dieser Großlibelle sind prächtig blaugrün gefärbt und fliegen weit umher, um ausreichend große Krebsscherenbestände zu finden. Fehlt die Pflanze, ist die Libelle zum Aussterben verurteilt. Auf Krebsscherenteppichen in den Gräben Vierlandens, einem Stadtteil Hamburgs auf der Elbinsel, sah ich die Puppenhüllen der Libellen, die fliegenden Libellen entdeckte ich leider nicht.

Das zweite Insekt ist ein Kleinschmetterling, der Krebsscheren-Zünsler *(Paraponyx stratiotata),* dessen Raupen unter Wasser in einem aus Pflanzenteilen zusammengeklebten Köcher nur an den Krebsscherenblättern leben.

Wer diese interessante Pflanze für seinen Gartenteich haben möchte, darf sie nicht aus der Natur entnehmen, sie gehört zu den gesetzlich geschützten Pflanzen. Es gibt aber viele Gärtnereien, die sich auf Wasserpflanzen spezialisiert haben und bei denen man Wasseraloe bekommen kann. Man sollte aber bedenken, daß ein kleiner Gartenteich nach einigen Jahren völlig zugewuchert sein kann.

Sumpfdotterblume ▸ (CALTHA PALUSTRIS)

BLUME DES JAHRES 1999

Nach der Flachwasserzone, die im vorigen Jahr mit der Krebsschere im Mittelpunkt stand, soll in diesem Jahr auf die angrenzende nasse Ufer- und Wiesenzone aufmerksam gemacht werden, die durch Bachbegradigung und Entwässerung der feuchten Wiesen kaum noch zu finden ist. Die leuchtendste Pflanze dieses Biotops ist die Sumpfdotterblume, die die Stiftung zur Blume des Jahres 1999 gewählt hat. Viele Menschen kennen sie, besonders wenn im April und Mai ihre dottergelben Blüten schon von weitem ins Auge fallen. Daß die Sumpfdotterblume trotz der Einengung ihres Lebensraumes noch recht häufig zu finden ist, liegt daran, daß sie nicht sehr wählerisch ist, was ihren Standort angeht, nur feucht muß er sein. Noch heute wächst sie von der Ebene bis zu alpinen Regionen bis 2500 Meter Höhe. Aber es sind immer nur kleine Gebiete, in denen sie vorkommt. Üppige dottergelbe Frühlingswiesen mit Wiesenschaumkraut und vielen anderen Pflanzen findet man kaum noch.

Außer dem häufigsten Namen Dotterblume, werden regional auch

die Namen Butter-, Schmalz-, Eier- und Kuhblume benutzt, ebenso Wiesengold oder Goldrose.

Die Sumpfdotterblume gehört zur Familie der Hahnenfußgewächse *(Ranunculaceae),* sie ist eine Staude, eine ausdauernde Pflanze. Aus einem Rhizom, einem dicken kurzen Wurzelstock, wachsen ihre kahlen, hohlen bis etwa 30 cm langen fleischigen Blätter an verzweigten Stengeln, die manchmal rötlich überlaufen sind. Sie haben eine dunkelgrüne, glänzende Farbe und können in ihrer herz- bis nierenförmigen Gestalt am Grunde bis 25 cm breit werden, am Stielende aber in der Größe abnehmen.

Wenn im April die schalenförmigen, eidottergelben Blüten erscheinen, kann man erkennen, daß die Sumpfdotterblume keine Blütenblätter entwickelt, wie wir sie von vielen Blüten kennen. Diese Aufgabe haben die Kelchblätter übernommen, die bei anderen Pflanzen die empfindlichen Blütenblätter schützen. Bei der Sumpfdotterblume sind die Kelchblätter goldgelb gefärbt, haben einen Durchmesser von etwa 5 cm und locken mit ihrer Farbe Bestäuberinsekten – Fliegen und Käfer – an. Wenn in den sternförmigen Kapseln die Samen reif sind, stehen die Früchte leicht nach oben gerichtet zusammen wie eine kleine Schale. Tropft ein Regentropfen in diesen Napf, werden die leichten Samen herausgeschleudert. Die Samen sind schwimmfähig und können durch Wasser, aber auch durch Wasservögel verbreitet werden. Die Blätter und

die trockenen Samenstände vergehen bald. Aber in grundständigen Laubknospen entwickeln sich schon im Herbst – winzig klein – die Blatt- und Blütenanlagen für das nächste Jahr.
Die Dotterblumen sind zirkumpolar verbreitet, das heißt, sie kommen nicht nur in Europa bis Island und im arktischen Rußland vor, sondern auch im gemäßigten und nördlichen Asien oder im nördlichen und arktischen Amerika.
Zur Zeit ist die Sumpfdotterblume nur auf den Roten Listen von Niedersachsen und Hamburg als gefährdet eingestuft, aber die Pflanze geht bundesweit zurück, vor allem durch die großräumige Entwässerung der Landschaft.
Die Sumpfdotterblume ist auch eine reizvolle Gartenpflanze für den Rand des Gartenteiches. Sie sollte aber nie in der Natur ausgegraben werden. In Staudengärtnereien findet man nicht nur unsere heimische *Caltha palustris*, sondern auch Dotterblumen aus anderen Ländern, mit etwas anderen Blütenfarben. Selbst gefülltblühende und weißblühende Formen sind erhältlich, die sich in unseren Gärten wohl fühlen.
Die Stiftung besitzt einige Grundstücke, auf denen neben vielen anderen Pflanzen auch die Sumpfdotterblume durch gezielte Pflege erhalten wird.

Purpurblauer Steinsame

▸ (LITHOSPERMUM PURPUREO-COERULEUM)

BLUME DES JAHRES 2000

Der Steinsame soll, wie alle »Blumen des Jahres«, für einen bedrohten Lebensraum stehen. Und das ist in diesem Jahr der Waldsaum. An den besonnten Waldrändern hat sich eine spezielle Pflanzengesellschaft herausgebildet, die bei der alten Bewirtschaftungsweise, der sogenannten Niederwaldnutzung, besonders artenreich und farbig ist.

Bei dieser alten Waldnutzung wurden die Bäume periodisch »auf den Stock« gesetzt, das heißt kurz über der Erde gekappt, um Eichenrinde zum Gerben oder Buschwerk zum Kochen und Heizen zu gewinnen. Dadurch entstanden lichte Waldzonen mit einer angepaßten Pflanzenzusammensetzung. Hört diese alte Nutzung auf, entwickelt sich der Wald zum Hochwald und die artenreiche Krautschicht findet sich nur noch am Waldsaum. Diese alte Niederwaldnutzung hat es in Norddeutschland nur an wenigen Stellen gegeben. Sie spielte aber hier früher – genau wie in Mittel- und Süddeutschland – eine Rolle, weil es für die Eichenrinde zum Gerben bares Geld gab.

Heute gibt es in Norddeutschland immer noch eine ähnliche Bewirtschaftungsform: die Knicks oder Wallhecken, die aber darüber hinaus noch andere Funktionen hatten und haben. Die Knicks sind Feldbegrenzungen und vor allem Windschutz. Aber auch sie müssen regelmäßig »auf den Stock« gesetzt werden, um sich zu verjüngen, und auch bei ihnen bilden sich auf beiden Seiten Waldsaumgesellschaften mit einer speziellen Pflanzengemeinschaft.
Nur, die »Blume des Jahres 2000« werden wir hier in Norddeutschland nicht finden. Der Grund ist, daß der Purpurblaue Steinsame trockenwarme Kalkböden braucht – und die gibt es im ganzen deutschen Norden nicht. Der Steinsame kommt, vom Mittelmeer her in Deutschland bis zum Wesergebirge in Süd-Niedersachsen vor, auch in Thüringen und Sachsen-Anhalt.
Wir von der Stiftung haben den Purpurblauen Steinsame als Pflanze des Waldsaumes ausgewählt, weil diese bis zu 60 cm hohe Staude durch ihre ungewöhnliche Blütenfarbe auffällt. Die Knospen sind purpurrot, sie öffnen sich zu fünfzipfeligen Blüten in einem strahlenden Blau. Der Steinsame gehört zur Familie der Rauhblattgewächse *(Boraginaceae). Zu* dieser Familie gehören auch das Vergißmeinnicht, das Lungenkraut oder das Gewürzkraut Boretsch, die auch alle leuchtendblaue Blüten haben. Beim Berühren mit dem bloßen Finger kann man bei allen Pflanzen dieser Familie eine rauhe Behaarung fühlen. Die schönen, etwa

10 mm großen Blüten erscheinen zwischen April und Juni. Sie werden von langrüsseligen Bienenarten bestäubt. Die Samen sind kleine steinharte Nüßchen – daher der Name –, die im Winter nach und nach von den stehengebliebenen Pflanzen ausgestreut werden. Der Steinsame kann sich aber auch vegetativ durch lange Sprossen vermehren, so daß dichte Bestände entstehen.
Ich hatte vor Jahren einmal das Glück, in der Eifel unter Elsbeerenbäumen, Verwandten unserer Vogelbeere, einen blauen Teppich des Purpurblauen Steinsame zu sehen. Ein wunderbarer Anblick. Es ist kein Wunder, daß dieses schöne Gewächs schon lange als Gartenpflanze kultiviert und in Parks und alten Gärten ausgepflanzt wurde. Deshalb kann es durchaus vorkommen, daß man, außer in Staudengärtnereien, auch in Norddeutschland auf den Purpurblauen Steinsame trifft, der aus einem Garten ausgewandert ist.

Blutroter Storchschnabel

▸ (GERANIUM SANGUINEUM)
BLUME DES JAHRES 2001

Mit der Blume des Jahres 2001, dem Blutroten Storchschnabel, soll noch einmal die bedrohte Waldsaumpflanzengesellschaft hervorgehoben werden.

Die Staude gehört zu der Familie der Storchschnabelgewächse *(Geraniaceae)*. Aus einem dickfleischigen Rhizom, einem weit kriechenden Wurzelstock, wachsen oft schon vom Grund an verzweigte Triebe. Die Blätter sind gegenständig, tief fünf- bis siebenlappig zerteilt und färben sich im Herbst leuchtend rot. Die Pflanze wird bis etwa 30 cm hoch.

Ab Ende Mai bis in den August hinein erscheinen an borstig behaarten Stielen einzelne bis 4 cm große, leuchtend karminrote Blüten. Auf einem fünfteiligen grünen Kelch stehen tellerförmig fünf rote Blütenblätter, die sich an den Rändern überlappen. Um die Mitte der Blüte sind zwei Kreise von je fünf Staubgefäßen mit hellvioletten Staubbeutelchen zu sehen, in deren Mitte sich fünf Griffel zu einer herausragenden Säule vereinigen. Diese Griffelsäule nimmt erst Blütenstaub fremder Storch-

schnabelblüten von Insekten auf, wenn der eigene Pollen (Blütenstaub) verbraucht ist. Dadurch wird Selbstbestäubung verhindert.
Die bestäubten Griffel wachsen kräftig in die Länge zu der namengebenden Storchschnabelfrucht. Durch das Austrocknen des inneren Gewebes entsteht eine Spannung, die die Früchte aufspringen läßt, wobei die Samen bis zu 2 Meter weit umhergeschleudert werden. Der Blutrote Storchschnabel kann also in zweifacher Hinsicht gut überleben, einmal vegetativ mit seinem kräftigen Wurzelstock, zum anderen durch seine Samen, die auch in Gärten auf geeigneten Standorten leicht keimen.
Die Gerbstoffe, die reichlich im Wurzelstock vorhanden sind, wurden früher zum Ledergerben benutzt. Auch ein blutstillendes Mittel hat man aus der Pflanze gewonnen.
Der Blutrote Storchschnabel ist licht- und wärmeliebend. Er mag weder Nässe noch starke Beschattung oder übermäßigen Nährstoffeintrag. Am liebsten steht er auf kalkhaltigen Ton- und Lehmböden, auf sonnigen Halbtrockenrasen und vor allem auf sonnigen Waldrändern, wo er die Charakterpflanze der auffällig blühenden und artenreichen Blutstorchschnabelsaumgesellschaft bildet. Dieser Lebensraum beherbergt auch besonders viele Insekten.
Der Blutrote Storchschnabel ist im größten Teil Europas heimisch. In Deutschland findet man ihn hauptsächlich in den Mittelgebirgen. In den nördlichen Bundesländern gibt es nur wenig Standorte, und

im Saarland fehlt er völlig. Ich habe vor vielen Jahren beim Durchwandern der Wutach-Schlucht in Baden-Württemberg zum ersten Mal den Blutroten Storchschnabel mit seinen leuchtenden Blüten gesehen, den es um meine Vaterstadt Hamburg herum nicht gibt. Seit langem ist der Blutrote Storchschnabel eine beliebte Gartenpflanze, die in Gärtnereien auch in Rosa blühend angeboten wird. An Bahndämmen, an Straßenrändern und auf Friedhöfen findet man gelegentlich verwilderte Gartenpflanzen.

Hainveilchen ▸ (VIOLA RIVINIANA)

BLUME DES JAHRES 2002

Die Blume dieses Jahres soll noch einmal – wie schon in den letzten Jahren – den bedrohten Waldsaum ins Bewußtsein bringen, allerdings dieses Mal eine ganz besondere Form von Waldsaum, nämlich den norddeutschen Knick, manchmal auch Wallhecke genannt.

Diese Busch- und Baumreihen sind vor vielen Jahren gepflanzt, zum Teil auf den kleinen Wällen, die aus Sammelsteinen von den Feldern entstanden waren. Sie dienten und dienen dem Windschutz, aber zugleich der Feldbegrenzung. Wenn sie ihren Zweck wirkungsvoll erfüllen sollen, müssen sie sorgsam gepflegt werden. Etwa alle sieben Jahre müssen Büsche und Bäume »auf den Stock gesetzt werden«, das heißt, sie werden bis auf einen Stumpf abgehackt, »geknickt«. Das Buschholz war früher wichtig zum Anheizen und Kochen. Nach diesem Rückschnitt schlagen alle Büsche wieder kräftig aus und bilden nach wenigen Jahren eine dichte Hecke, Lebensraum für viele Vögel und Insekten. Auf beiden Seiten dieses dichten Gebüschstreifens – zwei Waldsäume dicht beieinander –

gibt es eine üppige Krautschicht, die wegen der unterschiedlichen Sonneneinstrahlung auch etwas unterschiedlich zusammengesetzt ist. Besonders ins Auge fallende oder sehr seltene Gewächse sind allerdings am Knicksaum nicht zu finden. Wir haben von diesen bescheidenen Pflänzchen eines als »Blume des Jahres 2002« ausgewählt: das Hainveilchen, *Viola riviniana.*

Veilchen kennt wohl jeder Mensch. In Deutschland gibt es etwa 30 verschiedene wilde Veilchen. Am bekanntesten sind sicher die bunten Gartenstiefmütterchen, die in immer neuen Farbtönungen gezüchtet werden, oder die duftenden Märzveilchen, die ursprünglich aus Gärten verwildert und inzwischen bei uns eingebürgert sind. Die Botaniker unterscheiden Kleinarten. Ich muß bekennen, daß ich die vielen Veilchen nur mit Mühe und mit Hilfe eines Bestimmungsbuches unterscheiden kann. Farblich ist es noch am einfachsten. Es gibt gelbe, es gibt dreifarbige (gelb, weiß, violett), wie die Ackerstiefmütterchen, und es gibt die violetten – eben die veilchenfarbigen.

Unsere »Blume des Jahres«, das Hainveilchen, gehört zur Familie der Veilchengewächse *(Violaceae).* Der Artname *riviniana* ist benannt nach August Quirinus Rivinus (1652–1723), einem Botanik-Professor in Leipzig. Das kleine Kräutlein bildet eine Halbrosettenstaude mit einem langen dünnen Wurzelstock. Die aufrechten Stengel werden etwa 20 cm hoch. Am Grunde wachsen breit herzförmige Blätter, die kaum 2 cm groß werden. Wenn man genau hinsieht, erkennt man an den Stengeln kleine schwach gezähnte Nebenblätter. Die bis zu 2,5 cm großen Blüten erscheinen von Mitte Mai bis Juni. Die fünf hell blauviolett gefärbten Blütenkronblätter sind am Grunde weiß, und das untere hat einen dicken weißen Honigsporn. Leider duftet das Hainveilchen für unsere Menschennasen nicht. Die Bestäuberinsekten – Bienen, Schwebfliegen und Falter – finden aber Nektar in dem Sporn. Nach der Befruchtung entsteht eine eiförmige kleine Kapselfrucht. Das Hainveilchen, wie auch andere Veilchenarten, bildet häufig nach der Reifezeit der Früchte neue, sich nicht öffnende Blüten, die durch Selbstbestäubung Samen bilden. Diese Blüten heißen kleistogame Blüten.

Das Hainveilchen ist im größten Teil Europas heimisch. Es gehört zu den häufigeren Veilchen-Arten und ist in Deutschland verbreitet an Waldsäumen, in mageren Rasen und eben auch an Knickrändern zu finden. Für Hausgärten sind die Verwandten, die vielfarbigen Gartenstiefmütterchen geeigneter als die bescheidene »Blume des Jahres 2002«, das Hainveilchen.

Kornrade ▸ (AGROSTEMMA GITHAGO)

BLUME DES JAHRES 2003

Die Blume des Jahres 2003, die Kornrade, steht für einen Lebensraum und eine Pflanzengesellschaft, die es in Deutschland kaum noch gibt und die man nur museal erhalten kann. Es ist die Ackerbegleitflora oder Ackerrandgesellschaft, wissenschaftlich *Segetalflora* genannt. Außer der Kornrade gehören dazu Klatschmohn, Kornblume, Rittersporn, gelbe Wucherblume und viele weniger auffällige Pflanzen.

Alle diese Gewächse sind in Mitteleuropa nicht immer heimisch gewesen, sie sind erst, lange nach der letzten Eiszeit, vor etwa 6000 Jahren mit den ersten Ackerbauern eingewandert. Diese Ackerbauern und Viehzüchter kamen wahrscheinlich aus dem sogenannten fruchtbaren Halbmond. Durch Ausgrabungen weiß man, daß dort, im heutigen Israel, Jordanien, Libanon, Syrien, Türkei, Iran und Irak, schon lange Ackerbau und Viehzucht betrieben worden war und dort der Regenfeldbau von Menschenhand seinen Ursprung hat. Beim Regenfeldbau werden die Felder nicht bewässert, wie zum Beispiel in späteren Kulturen bei den Ägyptern

oder am unteren Euphrat und Tigris, sondern man war auf die Regenzeit angewiesen.
In Mitteleuropa mußten die Ackerbauern erst einmal die dichten Wälder roden, in denen die damaligen Einwohner als Sammler und Jäger lebten. Der Feldbau entstand zum ersten Mal in der Geschichte Mitteleuropas – durch Zerstörung der ursprünglichen Natur. Anstelle der Natur entwickelte sich ein durch Menschen geschaffenes Kulturland. Die Neuankömmlinge legten kleine Getreidefelder an. Ihr Saatgetreide, primitive Kornarten wie Einkorn oder Emmer, aber auch Linsen, Erbsen und Lein, brachten sie aus ihren Ursprungsgebieten mit. Zwischen den Samen waren aber auch viele Ackerunkräuter, die es bisher in Mitteleuropa nicht gegeben hatte, die sich aber schon lange dem Rhythmus der Feldbestellung angepaßt hatten. Sie hatten gelernt, auf dem umbrochenen Feld mit dem Getreide zu keimen, im Schutz des Getreides zu wachsen und zu reifen, so daß mit den Feldfrüchten zusammen auch die Samen der Ackerbegleitflora geerntet wurden.
Bei meinen Besuchen in Israel in den 80er Jahre Jahren erfuhr ich, daß dort inzwischen 33 Wildweizenarten entdeckt wurden. Ich fand damals auch wilde Kornblumen, die genauso aussahen wie unsere Kornblumen, aber ausdauernd sind. Vermutlich ist die ausdauernde Kornblume in Israel die Vorfahrin unserer heutigen Kornblume, die sich dem Rhythmus der Feldbestellung angepaßt hat. Eine

Kornrade habe ich leider nicht wildwachsend gefunden. Man weiß aber, daß sie ein alteingebürgertes Ackerunkraut ist, das mit dem Getreideanbau in allen ihr klimatisch entsprechenden Gebieten zu finden war, nicht nur in Europa und Nordamerika, sondern auch auf der südlichen Halbkugel in Südafrika, Südamerika, Australien und Neuseeland. Im Mittelalter war die Kornrade eines der häufigsten Ackerunkräuter, wohl wegen der Ausbreitung des Roggenanbaus. Ihr Ursprungsgebiet ist wahrscheinlich die östliche Ägäis und Vorderasien. Heute ist die Kornrade nirgends mehr wild anzutreffen.

Die Kornrade gehört zu den Nelkengewächsen *(Caryophyllaceae)*. Sie hat viele Volksnamen wie *Rade*, *Raad*, *Ratt*, *Radenbleamer*. Im Niederdeutschen wird sie auch *Klockenblome* genannt und im Rheinischen *Pißpöttken*. Die lange, spindelförmige Hauptwurzel kann bis zu 90 cm lang werden. Der aufrechte, bis ca. 1 Meter hohe Stengel ist meist unverzweigt oder hat nur wenig Seitentriebe. Der Stengel und die wenigen schmalen Blätter sind grauflaumig behaart. Der Kelch ist etwa 6 cm lang und von eiförmig-länglicher Gestalt. Die fünf Kelchblattzipfel überragen die Kronblätter und stehen zur Blütezeit im Juni bis Juli ab. Die einzelnen purpur-violetten Kronblätter sind gut 2 cm groß, so daß die Blüte schon von weitem leuchtet. Aber trotz der auffallenden Blüte wird die Kornrade kaum von Insekten besucht, es findet weitgehend Selbstbestäubung statt. Die Samen sind mit bis zu 3,5 mm verhältnismäßig groß. Die ganze Pflanze ist stark giftig. Schon 3 – 5 g der Samen gelten als tödlich.

Die Kornrade war früher als Saatunkraut in Deutschland sehr verbreitet, besonders im Winterroggen. Durch mangelhafte Reinigung des Getreides gab es häufiger Vergiftungen. Durch moderne Ackerbautechnik und vor allem durch Saatreinigung ist die Kornrade in ganz Mitteleuropa kaum noch zu finden, höchstens einmal an ungespritzten Wegrändern.

Für mich gehört die Kornrade zu meiner Kinderzeit in den zwanziger Jahren. Ein Feldblumenstrauß – vorsichtig aus dem Kornfeld gepflückt – bestand immer aus Kornblumen, Mohnblumen und Kornrade. Aber schon damals erzählten mir Bauern am Rande der *Fischbecker* Heide, daß sie manchmal mit der ganzen Familie die dicken schwarzen Kornradensamen aus dem Getreide sammelten, weil sie sonst weniger Geld für ihr Getreide bekamen.

Bald nach dem Zweiten Weltkrieg vermißte ich die schöne rosaviolette Blüte in den Feldern. Aber die Bauern waren jetzt froh über das besser gereinigte Saatgetreide. Inzwischen haben Pflanzenzuchtbetriebe entdeckt, daß das Gift der Kornrade gegen Ackerschädlinge, zum Beispiel das *Rübenzystenälchen*, eingesetzt werden kann – auch weil keine anderen Pflanzenkrankheiten übertragen werden, da die Kornrade mit keiner Kulturpflanze verwandt ist. Vielleicht kann man also in Zukunft die Kornrade als Zwischenfrucht auf Feldern sehen.

Ich möchte aber wünschen, daß die ganze bunte Ackerbegleitflora – und nicht nur die Kornrade – erhalten bleibt; sie ist ein Stück unserer Kultur- und Ackerbaugeschichte. Zwar ist das heute auf modernen Feldern nicht mehr möglich. Aber in manchen Botanischen Gärten und in Museumsdörfern ist schon Platz geschaffen für alte Kultur- und Getreidepflanzen und für die dazugehörige Wildflora – einschließlich der Kornrade.